石臼湖
水域状况研究

郭刘超◎主编

河海大學出版社
HOHAI UNIVERSITY PRESS
·南京·

图书在版编目(CIP)数据

石臼湖水域状况研究 / 郭刘超主编. -- 南京 : 河海大学出版社，2024.1

ISBN 978-7-5630-8537-8

Ⅰ. ①石… Ⅱ. ①郭… Ⅲ. ①湖泊-水环境-研究-当涂县 Ⅳ. ①X832

中国国家版本馆 CIP 数据核字(2023)第 236537 号

书　　名　石臼湖水域状况研究
书　　号　ISBN 978-7-5630-8537-8
责任编辑　卢蓓蓓
特约校对　李　阳
装帧设计　徐娟娟
出版发行　河海大学出版社
地　　址　南京市西康路 1 号(邮编:210098)
电　　话　(025)83737852(总编室)　(025)83722833(营销部)　(025)83786934(编辑室)
经　　销　江苏省新华发行集团有限公司
排　　版　南京布克文化发展有限公司
印　　刷　广东虎彩云印刷有限公司
开　　本　718 毫米×1000 毫米　1/16
印　　张　11.5
字　　数　200 千字
版　　次　2024 年 1 月第 1 版
印　　次　2024 年 1 月第 1 次印刷
定　　价　88.00 元

《石臼湖水域状况研究》

编委会

前言 PREFACE

河湖是水资源的重要载体，是生态系统和国土空间的重要组成部分，事关防洪、供水、生态安全。空间完整、功能完好、生态环境优美的河湖水域，是最普惠的民生福祉和公共资源。党的十八大以来，习近平总书记提出“节水优先、空间均衡、系统治理、两手发力”的治水思路，作出一系列重要讲话、指示批示，确立国家“江河战略”，为加强河湖水域保护提供了根本遵循和行动指南。

2022年5月，水利部出台了《水利部关于加强河湖水域岸线空间管控的指导意见》(水河湖〔2022〕216号)；随后，联合公安部制定了《关于加强河湖安全保护工作的意见》，针对妨碍河湖防洪行洪安全，非法侵占水域，破坏水资源、水生态、水环境和水工程，非法采砂等难点堵点，全面加强两部合作，构建人水和谐的河湖水域空间保护格局，对于维护河湖管理秩序、提升河湖治理水平、全面提升国家水安全保障能力具有重要意义。

江苏省地处江、淮、沂沭泗流域下游，河湖众多，水系发达，省内水域面积占其国土面积的16.9%。江苏省高度重视河湖水域空间管理和保护工作，江苏省人民政府于2020年6月已经颁布《江苏省水域保护办法》，明确规定“水行政主管部门应当会同有关部门对本行政区域的水域面积、水文、利用状况等进行动态监测，建立健全水域监测体系，每两年开展一次水域调查评价，评估水域状况，向社会公布”，“省水行政主管部门负责组织流域性河道、省管湖泊及大中型水库的水域调查评价”，并提出“采取有效措施，确保本行政区域水域面积不减少、水域功能不衰退”的水域保护目标；“县级以上地方人民政府及其有关部门应当鼓励水域保护的科学研究”。因此，开展湖泊水域保护研究，促进湖泊的健康发展和资源的可持续利用，是当前一项重大而紧迫的战略任务。

石臼湖又名北湖，是长江下游唯一的直接通江湖泊，已被列入《江苏省湖泊保护名录》《中国湿地保护行动计划》国家重要湿地名录和亚洲重要湿地目录，具有调蓄洪水、提供水资源、维护生物多样性、净化水质、调节气候等多种功能，对维护区域经济社会可持续发展和维持区域生态平衡具有重要作用。

近年来，受旅游开发、水产养殖等人类活动的影响，石臼湖水资源、水环境承载力不断增大，石臼湖的水域状况和可持续发展受到社会各界不同程度的重视与关注。为全面、准确地了解石臼湖的水域状况，提高全社会关注、爱护、保护石臼湖的意识，江苏省水利科学研究院于2013—2021年度对石臼湖开展了水生态监测及健康评估，并从2021年度起承担了石臼湖的水域状况监测评估工作，累计工作成果为本书的主要参考依据。

全书共分九章。第一章基本概况与研究内容；第二章形态和水文特征研究；第三章水质与营养状况特征研究；第四章水生高等植物群落特征研究；第五章浮游植物群落特征研究；第六章浮游动物群落特征研究；第七章底栖动物群落特征研究；第八章流域污染源核算和水动力水质模拟研究；第九章结论与展望。

本书编写得到了江苏省水利厅、江苏省秦淮河水利工程管理处、江苏省水文水资源勘测局、中国科学院南京地理与湖泊研究所、南京工业大学、南京水利科学研究院、南京市高淳区两湖(石臼湖固城湖)管理中心等单位领导和专家的鼎力支持与帮助，在此一并衷心感谢；此外，向常年奋战在一线的监测人员表示崇高的敬意！

虽然编者在写作过程中力求叙述准确、完善，但由于水平有限，难免存在不足之处，敬请各位读者和同行专家批评指正，共同提高本书的编写质量。

江苏省水利科学研究院生态环境监测中心

石臼湖固城湖课题组

2022年12月

目录 CONTENTS

1

基本概况和研究内容

1.1 基本概况

1.1.1 石臼湖历史成因

石臼湖的成因类型在地理学上被称构造型，湖盆由地壳的构造运动形成。石臼湖在大的构造单元上属于南京凹陷的边缘地带，由于中生代燕山运动的后期断裂作用，溧(水)高(淳)背斜西北翼断裂下沉，产生了包括石臼湖、固城湖、丹阳湖及其西部圩区的大片洼地，奠定了湖盆的基本雏形[1]。构造洼地形成之后仍处于缓慢下沉的过程之中，为后来周围的大量物质堆积创造了条件。这一巨大洼地并非一个完全封闭的盆地，有缺口通连长江，水阳江、青弋江也可汇入石臼湖。综合湖盆成因和湖水含盐度等因素，石臼湖(图 1.1)属于构造型淡水湖泊[2]。

图 1.1 石臼湖水域

1.1.2 石臼湖自然特征

石臼湖地处江苏省南京市西南部，为苏皖两省界湖，介于东经 118°46′～118°56′、北纬 31°23′～31°33′之间，为过水性、吞吐型和季节性的湖泊，是长江下游唯一的直接通江湖泊，对保障流域与区域防洪、供水和生态安全具有重要的作用[3]。

石臼湖湖盆呈不规则四边形，东西向最长约 22① km，南北向最宽约 14 km，总周长 80 km(其中江苏境内 43.6 km)。湖底高程为 4.43～4.93 m(吴淞基面高程，下同)，具体自然特征见表 1.1。

表 1.1 石臼湖自然特征表

<table>
<tr><td rowspan="3">基本特征</td><td>地理位置：118°46′～118°56′，北纬 31°23′～31°33′</td></tr>
<tr><td>行政区划：高淳区、溧水区(江苏省)；当涂县、博望区(安徽省)</td></tr>
<tr><td>石臼湖汇水区域内主要通湖河道有：新桥河、天生桥河、石固河、中流河、博望河、姑溪河等</td></tr>
<tr><td rowspan="2">水文特征</td><td>最高水位 10.62 m，最低水位 4.24 m</td></tr>
<tr><td>石臼湖区域年径流总量 1.3 亿 m^3；多年平均年径流深 273.9 mm，径流系数 0.26，区域年径流总量 4.6 亿 m^3</td></tr>
<tr><td>主要控制工程</td><td>建在通湖河道(包括外河与内河)上的圩口闸、天生桥套闸与蛇山套闸等</td></tr>
</table>

1.1.3 石臼湖水系

石臼湖自身汇集其周边地域特别是湖东部山区来水，石臼湖汇水区域北、东、南三面分别与秦淮河、太湖及固城湖汇水区接壤。北部以小茅山等山峦为分水岭，与秦淮河水系搭界；东部以茅山山脉余脉为秦淮河水系及太湖水系的分水岭；南部以低岗山丘区形成固城湖汇水区之间的分水岭；汇水区西部与水阳江干流交接[4]。

石臼湖汇水区域内主要通湖河道有：新桥河、天生桥河、石固河、中流河、博望河、姑溪河等。其中：新桥河和天生桥河位于溧水县境内，石固河位于高淳县境内，中流河位于当涂县与高淳县交界处，博望河和姑溪河位于当涂县境内。

① 全书因四舍五入，数据存在一定偏差。

石臼湖保护范围及周边水系如图 1.2 所示。

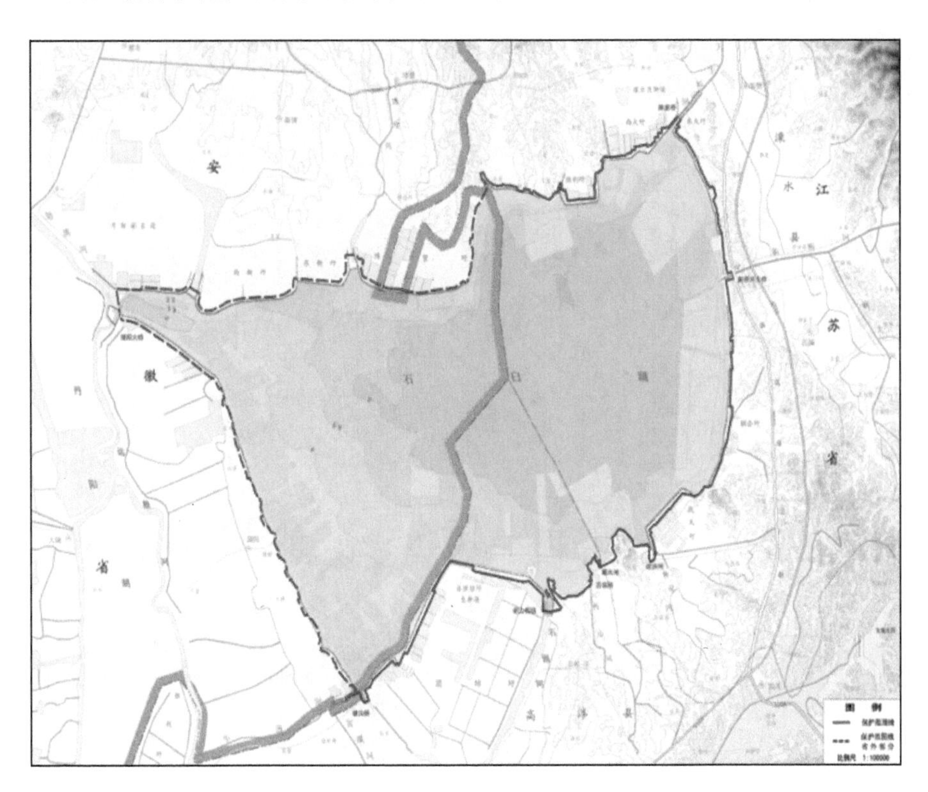

图 1.2 石臼湖水系

1.1.4 石臼湖水域和岸线功能区

1. 石臼湖水域功能区划分

石臼湖水域划定保护区包括石臼湖生态涵养区及入湖河道行水通道[5]，划定保留区为石臼湖近岸带生态修复预留区水域；划定控制利用区为诸家文化村段水域；开发利用区本次未涉及，见图 1.3 和表 1.2。

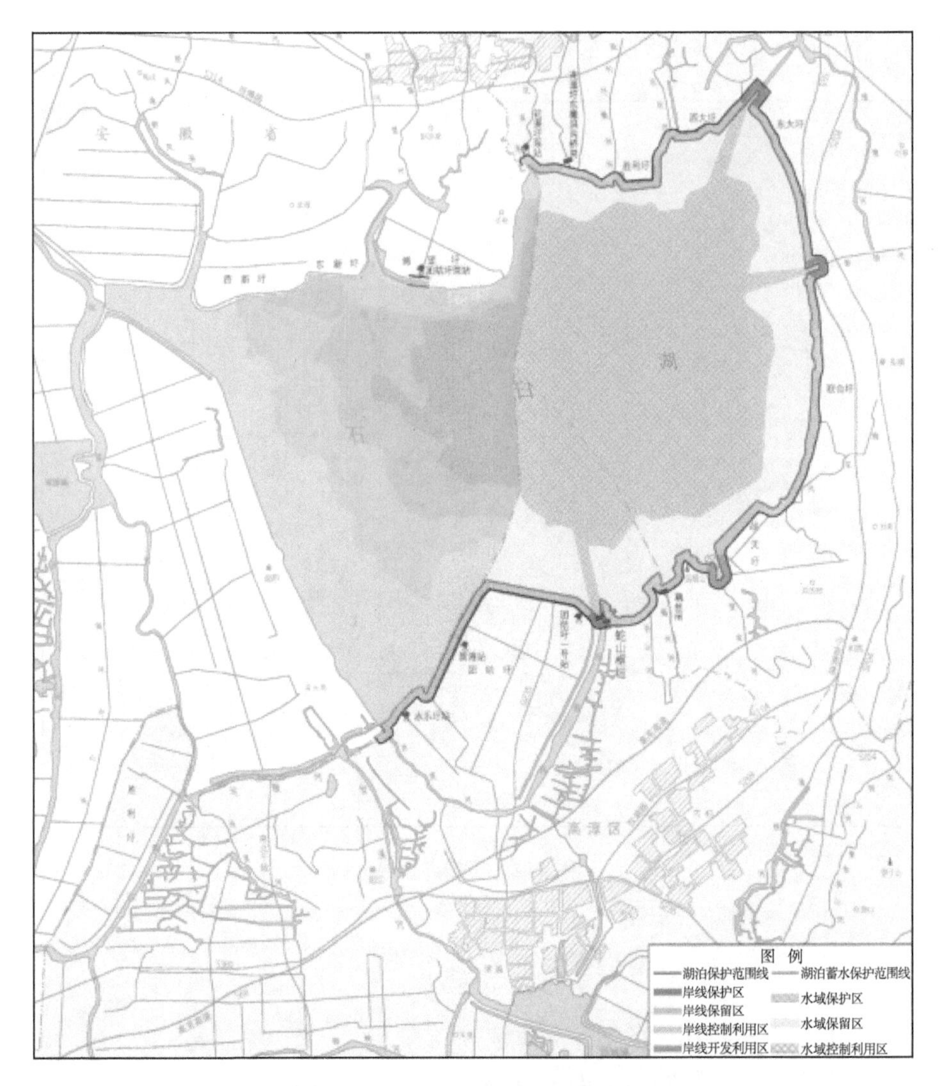

图 1.3 石臼湖水域和岸线功能区划分

表 1.2 石臼湖水域功能区划分明细表

序号	市(地)级行政区	县级行政区	功能区类型	范 围
1	南京市	高淳区	保留区	西至苏皖交界,东至石固河入湖通道,北至石臼湖保护区边界,南至石臼湖沿湖岸线
2	南京市	高淳区	保护区	以石固河出入湖口中点向湖内延伸半径为 2 km 的扇形区域
3	南京市	高淳区	保留区	西至石固河入湖通道界,东至高淳溧水交界道,北至石臼湖保护区边界,南至石臼湖沿湖岸线

续表

序号	市(地)级行政区	县级行政区	功能区类型	范围
4	南京市	高淳区	保护区	西至苏皖交界,东北至高淳溧水交界,南至石固河入湖通道
5	南京市	溧水区	保留区	西至高淳溧水交界,东南至石臼湖沿湖岸线,北至新桥河入湖通道
6	南京市	溧水区	控制利用区	溧水诸家村对应的围合水域
7	南京市	溧水区	保护区	以新桥河出入湖口中点向湖内延伸半径为 2 km 的扇形区域
8	南京市	溧水区	保留区	西至石臼湖保护区边界,东至石臼湖沿湖岸线,北至天生桥河入湖通道,南至新桥河入湖通道
9	南京市	溧水区	保护区	以天生桥河出入湖口中点向湖内延伸半径为 2 km 的扇形区域
10	南京市	溧水区	保留区	西至高淳溧水交界,东至天生桥河入湖通道,南至石臼湖保护区边界,北至石臼湖沿湖岸线
11	南京市	溧水区	保护区	西至苏皖交界,东至新桥河入湖通道,北至天生桥河入湖通道,南至高淳溧水交界

2. 石臼湖岸线功能区划分

石臼湖岸线划定保护区岸段 3 个(图 1.3),主要为石固河、新桥河、天生桥河等出入湖河口涉及行水通道保护的岸段;划定保留区岸段 11 个,主要为近岸带生态修复和暂无开发利用需求的岸段;划定控制利用区岸段 8 个,主要为高淳、溧水临湖村庄等现状已开发利用或将要开发利用须控制开发利用强度和方式的岸段;划定开发利用区岸段 1 个,主要为溧水诸家文化村等岸线开发利用对防洪、生态环境以及供水安全影响较小的岸段,岸线功能区划分明细见表 1.3。

表 1.3 石臼湖岸线功能区划分明细表

序号	市(地)级行政区	县级行政区	功能区类型	起止位置
1	南京市	溧水区	保留区	团结圩飞地段
2	南京市	溧水区	保留区	孙家村—周塔村
3	南京市	溧水区	控制利用区	周塔村—赵村
4	南京市	溧水区	保留区	赵村—石场庄
5	南京市	溧水区	控制利用区	石场庄
6	南京市	溧水区	保留区	石场庄—汤家村

续表

序号	市(地)级行政区	县级行政区	功能区类型	起止位置
7	南京市	溧水区	控制利用区	汤家村
8	南京市	溧水区	保留区	汤家村—西大圩电站
9	南京市	溧水区	保护区	西大圩电站—天生桥河左岸入湖口
10	南京市	溧水区	保留区	天生桥河左岸入湖口—石臼湖管委会
11	南京市	溧水区	保护区	石臼湖管委会—新桥河左岸入湖口
12	南京市	溧水区	保留区	新桥河左岸入湖口—后李村
13	南京市	溧水区	控制利用区	后李村—许家村
14	南京市	溧水区	保留区	许家村—骆山村
15	南京市	溧水区	控制利用区	骆山村
16	南京市	溧水区	保留区	骆山村—诸家村
17	南京市	溧水区	开发利用区	诸家村
18	南京市	溧水区	保留区	诸家村—藕丝闸排涝站
19	南京市	高淳区	控制利用区	藕丝闸排涝站—后保村
20	南京市	高淳区	控制利用区	后保村—永北排灌站
21	南京市	高淳区	控制利用区	永北排灌站—蛇山枢纽
22	南京市	高淳区	保护区	蛇山枢纽
23	南京市	高淳区	保留区	蛇山枢纽—永红闸

1.1.5 石臼湖主要控制建筑物

江苏境内石臼湖及通湖河道控制建筑物主要有杨家湾水利枢纽、蛇山抽水站、天生桥套闸、湫湖泵站、周家山闸及防洪湖堤工程等，老鸦坝、赭山头、姚家中型水库 3 座[6]，见图 1.4～图 1.9。

1) 天生桥套闸

天生桥套闸原址位于南京市溧水区洪蓝镇石臼湖与秦淮河两大流域的分水岭——天生桥景区胭脂岗处，主要承担防洪、蓄水、引水、通航、旅游等功能，是沟通石臼湖水系与秦淮河水系的重要水利工程。该闸建成于 1972 年，单孔净宽 12 m，设计流量 120 m^3/s 。经多年运行，天生桥套闸破损、老化严重，2009 年经安全鉴定结论为“四类闸”，亟须拆除重建。

根据溧水城区及洪蓝镇发展规划，结合扩容天生桥公园和改善天生桥河水环境的要求,将老闸拆除并向石臼湖方向移址约 4.5 km 重建。2017 年 9 月,省发改委以苏发改农经发〔2017〕1102 号文批复工程初步设计,同意拆除老闸,移建套闸,增建节制闸及管理房。天生桥河为Ⅵ级航道,套闸参照Ⅵ级船闸设计,闸首口门净宽 12 m,闸室尺度 120×12×2.5 m(长×宽×门槛水深);节制闸每孔净宽 12 m,共 2 孔,闸孔总净宽 24 m,闸室采用整体钢筋混凝土平底板开敞式结构,布置升卧式平面钢闸门;新闸按防洪 50 年一遇标准设计,节制闸设计行洪流量 276 m^3/s;工程总投资 1.19 亿元。

工程于 2017 年 11 月 5 日正式开工,2018 年 6 月 12 日通过水下阶段验收,6 月 16 日正式拆堰通水,2019 年 5 月已全部建成并投入使用。

天生桥老套闸

天生桥新套闸

图 1.4 天生桥套闸

2) 淅湖泵站

淅湖泵站位于溧水区晶桥、永阳、白马三镇的交界处,既是南京市的大型灌区——淅湖灌区的渠首工程,同时还承担着向姚家、中山、方便、老鸦坝、爱国等五座水库补水的任务,设计灌溉面积 30 万亩①,约占溧水区农田面积的 40%。该泵站对溧水区的工农业生产、生活及社会经济的发展起着举足轻重的作用。

淅湖泵站于 1978 年 12 月开始兴建,1980 年 6 月竣工,2009 年 9 月底进行改造,更新改造后泵站设计流量 15 m^3/s,水泵机组 13 台套,总装机功率 8 190 kW。

---

① 1 亩约为 666.67 m^2。

图 1.5　湫湖泵站

3）周家山闸

周家山节制闸位于溧水县白马镇白马河与新桥河交汇处，属石臼湖水系，建于 1981 年 11 月，1983 年 10 月竣工并投入使用。周家山节制闸为中型水闸，主要承担防洪、蓄水、灌溉功能，设计最大过闸流量 296 m^3/s，所在河流是溧水区老鸦坝水库溢洪河道。周家山闸拆建工程列入《全国大中型病险水闸除险加固工程专项规划》，于 2015 年拆除重建，重建后设计流量 325 m^3/s，新闸建成后经受了 2016 年汛期石臼湖超历史高水位的考验，初期运行良好，已发挥汛期分洪、枯水期蓄水的主要功能，工程在防洪保安、农业灌溉等方面取得了良好的社会效益。

图 1.6　周家山闸

4）老鸦坝水库

老鸦坝水库饮用水水源保护区位于溧水区白马镇境内，位于东部低山丘陵区的新桥河支流白马河上游，集水面积 17.5 km²。老鸦坝水库总面积 10.55 km²。水库工程于 1958 年 11 月开工兴建，1959 年 11 月建成，同时水库开始蓄水，2010 年完成除险加固工程。枢纽工程由主坝、灌溉输水涵洞、泄洪闸等组成。

2016 年 12 月 19 日，老鸦坝水库饮用水水源保护区经江苏省水利厅水景办组织专家组评审，已达到省级水利风景区标准。

图 1.7　老鸦坝水库

5）姚家水库

姚家水库位于溧水区东南部低山丘陵区，新桥河上游，集水面积 17.3 km²。水库工程于 1958 年 11 月兴建，1959 年 11 月合拢蓄水，2010 年完成除险加固工程。枢纽工程由主坝、灌溉输水涵洞、泄洪闸等组成。主坝长 520 m，水库总库容 0.110 8 亿 m³。

6）赭山头水库

赭山头水库位于溧水区东部低山丘陵区的新桥河支流云鹤支河上游，集水面积 16.8 km²。水库工程于 1958 年 10 月开工兴建。1959 年 9 月建成，同时水库开始蓄水，2010 年完成除险加固工程。枢纽工程由主坝、灌溉输水涵洞、

图 1.8　姚家水库

泄洪闸等组成。主坝长 335 m，水库总库容 0.1101 亿 m^3。

水库设计以防洪灌溉、城乡居民供水为主，兼顾水产养殖等综合利用。

图 1.9　赭山头水库

1.1.6　石臼湖文化与景观

石臼湖，自然风光旖旎，“石臼渔歌”不仅是高淳古八景、溧水新十景之一，也是新金陵四十景之一。石臼湖畔蕴含着多元文化，包括以洪蓝街道塘西村、仓口村，和凤镇张家村、诸家村为代表的传统村落文化，以张许村中杨靶场、洪蓝街道陈下村陈家大戏台等为代表的红色文化；以和凤镇诸家村天后宫为代表的妈祖文化等[7-8]。

1.1.7 石臼湖重要基础设施

石臼湖保护(管理)范围涉及的重要基础设施包括石臼湖堤防、秦淮河航道、蛇山水文站、陈家桥水位站、石臼湖特大桥及其他生活、生产型设施等[9]。

1.1.8 石臼湖管理情况

1. 石臼湖管理机构

石臼湖为江苏省省管湖泊,遵循实行统一管理与分级管理相结合的管理体制,江苏省水利厅为石臼湖的主管机关。为贯彻《江苏省湖泊保护条例》,认真组织实施省政府批复的《江苏省石臼湖保护规划》,切实加强石臼湖的管理与保护工作,维护湖泊的健康生态,保障江苏省经济社会又好又快发展,2011 年 8 月 23 日成立了石臼湖固城湖管理与保护联席会议(以下简称联席会议)。

联席会议的主要职责包括:在省政府的领导下,贯彻落实《江苏省湖泊保护条例》《江苏省环境保护条例》《江苏省渔业管理条例》等法规,组织石臼湖保护规划的实施;向省政府及省水利厅等有关主管部门提出石臼湖的管理与保护措施和建议;研究并提出石臼湖管理与保护的规范和标准;对石臼湖管理与保护进行技术指导和服务;协调各地区、各行业涉湖规划;建立石臼湖保护管理效果评估机制;协调解决石臼湖管理与保护工作中涉及跨地区和跨部门的重要问题;协调各有关部门按照职能分工开展石臼湖管理与保护联合行动;参与石臼湖保护范围内重大建设项目及重要开发利用项目的研究;协调石臼湖保护范围内重大级别以上污染事件的处理;督促指导有关地区和部门开展石臼湖管理和保护工作;省政府交办的有关石臼湖管理与保护的其他工作。

联席会议成员单位由江苏省水利厅,江苏省发展和改革委员会,江苏省财政厅,江苏省生态环境厅,原江苏省海洋与渔业局,江苏省林业局,南京市、高淳区、溧水区政府及其市、区水利、环保、林业、渔业部门和省秦淮河水利工程管理处组成。省水利厅厅长为召集人,各成员单位有关负责同志为联席会议成员。

联席会议下设办公室,负责联席会议的日常工作。联席会议办公室设在江苏省秦淮河水利工程管理处,江苏省秦淮河水利工程管理处主要职能为协助做好石臼湖保护、开发、利用和管理的相关工作。

南京市水务局工程运行管理处牵头,南京市水务综合行政执法总队、南京市秦淮河河道管理处共同参与，积极配合江苏省水利厅、江苏省秦淮河水利工程管理处督促指导高淳区做好对石臼湖的监督管理与保护工作。

溧水区水务局负责溧水区境内石臼湖的日常监管和行政审批的预审查，水政监察大队负责涉湖水事案件的查处。2001 年，经溧水区机构编制委员会批复成立溧水区河湖堤防管理所，为区水务局下设机构，负责溧水区内河湖堤防的日常维护与管理。沿湖三个镇水务站每个站明确一人负责辖区内石臼湖日常管理，各镇在各圩段聘用管护人员，对堤防进行日常管护和巡查。2017 年 11 月，溧水区机构编制委员会批复成立溧水区河长制管理中心，撤销溧水区河湖堤防管理所。

高淳区水务局负责高淳区境内石臼湖的日常监管和行政审批的预审查，区综合执法局负责涉湖水事案件的查处。高淳区水务局下设杨家湾闸管理所和蛇山抽水站管理所，分别具体负责高淳区石臼湖日常巡查等管理工作。

2. 湖长制组织体系

石臼湖设省、市、区、镇街、村社五级湖长制组织体系，包括省级湖长 1 名，市级湖长 1 名，区级湖长 1 名，镇级湖长共 3 名，区农业局、淳溪、古柏街道各 1 名，村级湖长共 5 名，其中淳溪街道 2 名，古柏街道 3 名(图 1.10)。

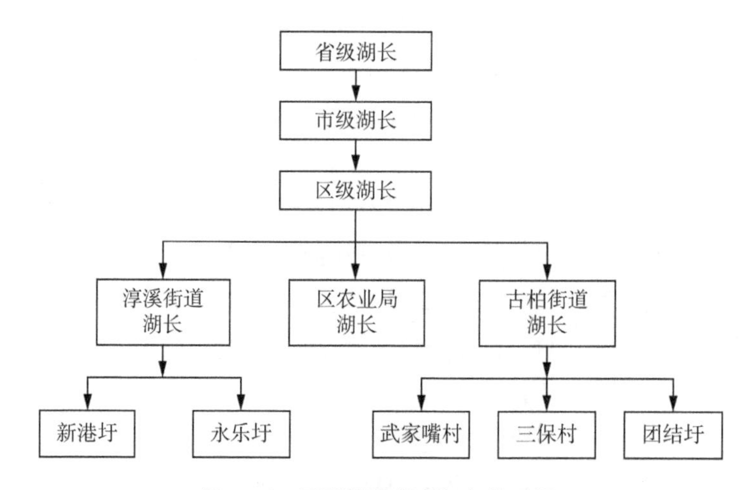

图 1.10　石臼湖湖长制组织体系图

湖长负责组织领导石臼湖的管理、保护、治理工作，包括湖泊管理保护规划的编制实施、水资源保护、水域岸线管理、水污染防治、水环境治理、水生态修复、湖泊综合功能提升等。牵头组织开展专项检查和集中治理，协调解决湖泊管理保护中的突出问题，统筹协调区域综合治理，明晰跨行政区域河道管理保护责任。指导、协调各级断面长加强重点断面考核和水质保障工作，推进考核断面达标。对本级相关部门和下级湖长履职情况进行督促检查和考核问责，落实总湖长交办事项等。

3. 石臼湖管理措施

1）持续落实石臼湖管理与保护工作

（1）坚持开展月度联合巡湖

为加强对石臼湖的管理与保护，夯实湖长制工作职责，扎实做好石臼湖日常巡查以及水域监控等工作，坚持开展月度联合巡查，及时发现、制止各类违法行为和现象，有效改善石臼湖及其周边环境。

（2）加强湖泊管理保护宣传力度

围绕“深入贯彻新发展理念，推进水资源集约安全利用”“共抓长江大保护”等主题思想，利用世界水日、中国水周，联合市区湖泊管理单位相关人员，对湖泊周边地区群众宣讲、发放《中华人民共和国长江保护法》《江苏省湖泊保护条例》和湖长制图解手册、节水指南、节水读物等宣传材料，营造全民爱湖护湖治湖氛围，携手努力共创幸福河湖。

（3）编制“三报”做好河湖管理内业

“年报”，认真总结过去一年省市区湖泊管理单位对石臼湖所做的日常管理与保护工作，分析归纳石臼湖水质及水生态监测成果变化情况，梳理石臼湖巡查及执法情况，关注石臼湖资源开发利用变化情况，系统总结过去一年石臼湖综合治理成效等，全面促进提升下一年度年报编制工作质量。

“季报”，完成编制石臼湖管理工作动态简报 4 期，及时总结，定期向上级主管部门及湖泊管理相关责任单位报送。

“月报”，完成编报湖泊巡查双月报 6 期，做到及时请示汇报、协调解决、反馈年度巡查过程中出现的疑似违法涉湖事件。

（4）创新开展无人机智慧巡湖

按照各级湖长巡湖要求，在省管湖泊中率先开展石臼湖无人机实时在线巡湖调研，多次进行试飞测试，基本满足远距离线上巡湖要求。

（5）组织河湖库遥感监测核查工作

组织召开年度河湖库遥感监测核查成果会商会，及时传达反馈会商整改意见，督促相关方按时完成整改和遥感监测成果验收。根据提供的卫星遥感资料，对石臼湖遥感监测变化点开展现场核查，将核查相关资料及时上报。

（6）编制省级湖长巡湖方案

落实省级湖长“两湖”工作指示，编制“石臼湖省级湖长巡湖实施方案”，做好踏勘省级湖长巡湖路线、巡查点等相关准备工作。

（7）强化升级湖泊网格化管理巡查工作

及时组织参与“江苏省河长制管理信息系统”“江苏省河湖资源管理信息系统”“江苏省河湖巡查管理信息平台”的培训测试运用；利用数字化、网络化、智能化手段为“智慧河湖”建设打好基础。

（8）组织年度线上湖泊管理工作考核

通过结合日常巡查情况、查阅审核上传台帐资料，根据《江苏省省管湖泊管理与保护工作考核办法》和《石臼湖固城湖巡查考核办法》制定的计分办法，对高淳区、溧水区水务局管辖范围内的石臼湖年度管理情况进行了考核评分，并及时上报考核结果。

2）完成省级湖长“两违三乱”清单销号验收

加强案件跟踪处理。完成省级湖长“两违三乱”清单中案件全部销号验收，档案资料保存完好。日常巡查中发现涉湖违法行为，第一时间通知高淳区、溧水区水务局进行处置，并跟踪监督，处理整改情况上报入库。

3）开展石臼湖专项督查工作

组织对石臼湖堤防险工险段整改情况进行现场检查，调查统计库存和新增险工险段。

4）加强河湖管理参观学习与培训

为进一步贯彻落实全省河湖管理工作会议精神，提高河湖管理与保护水平，组织市、区水务局河湖管理负责人及相关人员，赴苏州、常州地区参观学习河湖管理先进经验和做法。

5）开展石臼湖相关科技项目研究

根据水利部印发的《关于复苏河湖生态环境的指导意见》及《“十四五”时期复苏河湖生态环境实施方案》等文件精神要求，为维护石臼湖健康生命，不断改善提升石臼湖水生态系统环境，近两年来，针对石臼湖水生态、泥沙淤积等方面，开展科技项目申报研究。

1.1.9　石臼湖大事记

1）石臼湖被列入亚洲湿地名录

1990年，石臼湖被列入亚洲湿地名录。

2）石臼湖被列入国家重要湿地名录

2000年11月，石臼湖被列入《中国湿地保护行动计划》国家重要湿地名录。

3）石臼湖被列入江苏省湖泊保护名录

2005年2月，江苏省人民政府公布含137个0.5 km^2 以上湖泊、城市市区内湖泊、城市饮用水源湖泊的《江苏省湖泊保护名录》（苏政发〔2005〕9号），石臼湖位列其中，对于维护石臼湖良好的生态环境，保障经济社会可持续发展，具有重要的意义和作用。

4）江苏省水利厅组织完成《石臼湖保护规划》的编制

2006年2月，江苏省水利厅组织完成《石臼湖保护规划》的编制，主要分析了湖泊目前存在的问题；划定了湖泊保护范围，落实了坐标；研究了湖泊保护目标、湖泊功能，划定了行水通道、行滞蓄洪区、水功能区、生态功能区、禁采区等各类功能保护区，协调了各类功能间的关系，提出公益性功能保护意见。

5）江苏省出台石臼湖固城湖管理与保护联席会议制度

2011年，江苏省成立了石臼湖固城湖管理与保护联席会议办公室，出台了《石臼湖固城湖管理与保护联席会议制度》，切实加强石臼湖的管理与保护工作。

6）石臼湖湖长制建立，副省长担任湖长

石臼湖为省管湖泊，由江苏省水利厅负责主要管理，江苏省秦淮河水利工程管理处为协管单位。2018年，依据《省委办公厅 省政府办公厅 关于加强全省湖长制工作的实施意见》（苏办发〔2018〕22号）通知要求，建立省、市、县、乡、村五级湖长体系，副省长任石臼湖省级湖长。

7）石臼湖完成管理范围划界工作

按照《省政府办公厅关于开展河湖和水利工程管理范围划定工作的通知》（苏政办发〔2015〕76号）的要求，2018年，石臼湖埋设界桩292根（高淳102根，溧水190根），完成划界工作。

8）石臼湖实施网格化管理工作

2019年，石臼湖全面建立网格化管理体系，依据沿线管理范围行政区划或防汛责任，将石臼湖划分成24个网格（溧水区陆域14个，水域3个；高淳区陆域5个，水域2个，详见图1.11），以期明确管护主体，落实管护责任，保障石臼湖水安全。

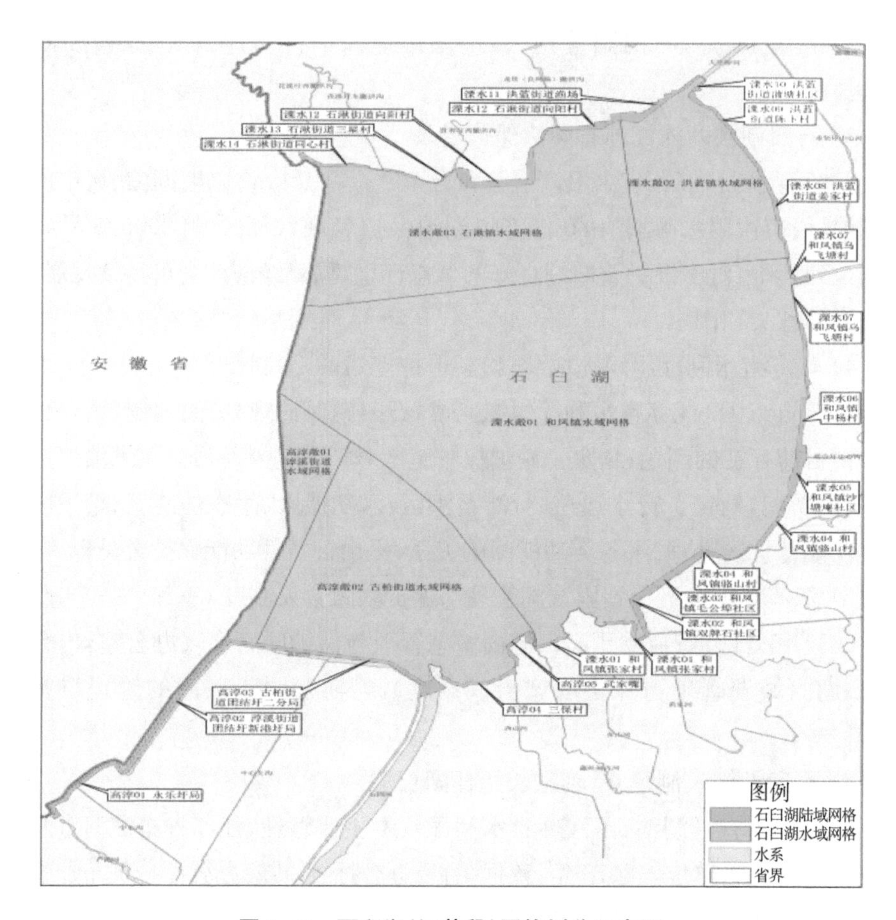

图 1.11　石臼湖(江苏段)网格划分示意图

9) 江苏省水利厅修编《石臼湖保护规划》

2020 年 12 月,完成《石臼湖保护规划》修编工作,划定水域和岸线功能分区,加强水域、岸线资源用途管制,强化岸线和水域保护。不断完善湖泊管护机制,实行网格化管理。

10) 石臼湖再次入选江苏省湖泊保护名录

2021 年 3 月,江苏省人民政府发文(苏政办发〔2021〕15 号)公布《江苏省湖泊保护名录(2021 修编)》,石臼湖再次被列入江苏省湖泊保护名录,要求突出石臼湖的水域空间管控、资源保护和湖泊水污染、水环境、水生态治理。

1.2 研究内容

1.2.1 监测指标

监测内容主要包括水文水资源指标(降水量、水位、水量),水域空间指标(水域面积、自由水面率),水体主要理化指标,底泥营养盐指标(总氮、总磷、有机质),水生高等植物指标(种类、生物量、盖度),浮游植物指标(种类、密度),浮游动物指标(种类、密度、生物量),底栖动物指标(种类、密度、生物量)。

1.2.2 监测点布置

根据石臼湖水域保护现状的要求,需要在全湖区以及出入湖河口处布置监测点位。只有科学合理地布设监测网点,才能使获取的数据客观、全面地反映石臼湖的现状。因此,监测点位的布设原则[10]如下:

① 全面覆盖原则,即监测点应分布到整个湖区;

② 重点突出原则,即主要的出入湖河口、水源保护区等均应设置监测点;

③ 经济性原则,水域保护状况的监测内容多,且费用比较高,应从实际出发,结合湖区地形轮廓、养殖分布以及主要出入湖河流情况等,确定合理的监测点数量,做到既满足湖泊水域基本分析与评价需要,又经济、可操作。

基于以上原则,石臼湖上共设定了 24 个监测位点(图 1.12),其中,石臼湖水体理化指标、底泥营养盐、浮游植物、浮游动物、底栖动物的研究点位为 SJH－1～SJH－12,采样频率为每季一次,水生高等植物研究区域需要更为多样,故研究点位包括图中所有 24 个采样点。

1.2.3 监测时间和频次

针对石臼湖各项指标监测活动的实际情况,基于位点的布置原则,湖区内、出入湖、滨岸带的不同监测指标采取不同的监测频率进行。

① 对于湖区上的 12 个监测点(SJH－1～SJH－12),监测水体理化指标、营养盐含量、浮游植物、浮游动物、底栖动物、鱼类,监测频次为一年四次,分别选择春季、夏季、秋季和冬季的代表时期进行原位调查监测。其中水生高等植物的监测为一年两次,分别选择在春季和夏季进行;底泥营养盐的监测为一年一次,一般选择在秋季进行。

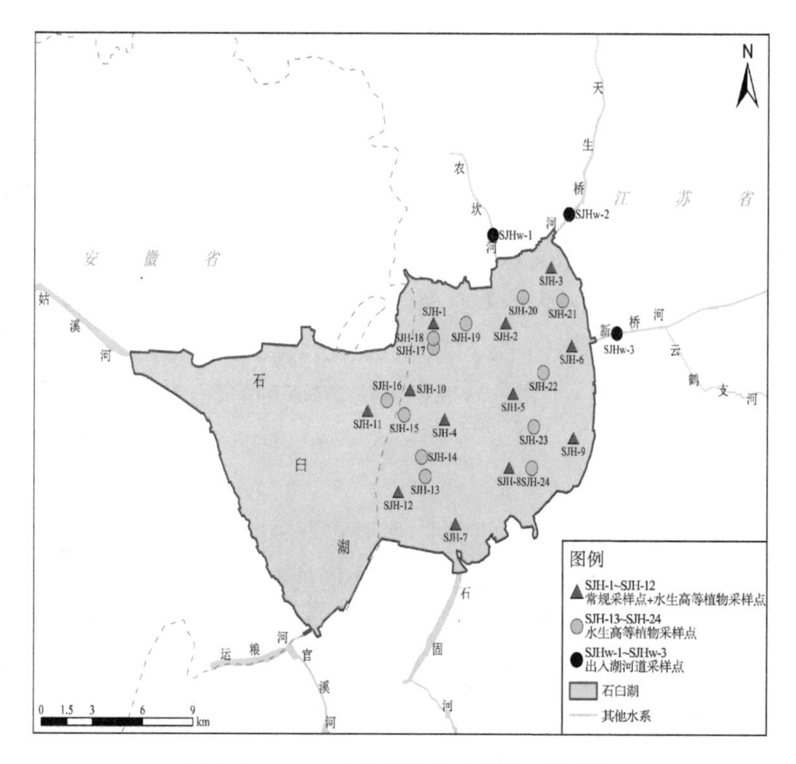

图 1.12　2021 年度石臼湖水域监测位点 *

② 对于出入湖河道上的 3 个监测点 SJHw-1～SJHw-3，监测水体理化指标、营养盐含量，监测频次为一年四次，分别选择春季、夏季、秋季和冬季的代表时期进行原位调查监测。

③ 水文水资源资料，采取外单位协助方式进行监测和收集。

* 因统计软件略有差异，"SJH-1""SJH-01""Sjh-1"等意思一致，都表示同一采样点。

2

形态和水文特征研究

2.1 形态特征研究

2.1.1 水域遥感监测方法

高空间分辨遥感技术具有对大范围水域进行快速、准确测量的优势，利用其遥感影像开展水域动态监测，可为实现水域动态监管、最严格水资源管理、水行政执法等提供技术支撑。

高分辨遥感水域数据的提取，主要是利用水体在影像上的纹理信息、色调、形状等与陆地区别较大且容易区分的特点，提取的方法主要有人工目视解译法与监测分类法、决策树分类法、指数法和数学形态学等多种自动提取方法[11-15]。其中，人工目视解译法与监测分类法主要依据相关参考资料和技术人员的经验，对水域综合状况进行分析与判断，手动提取水域的范围，该方法适用于比较复杂的地物类型。自动提取方法虽然效率高，但精度较低，适用于色调一致、比较简单的地物类型[16]，对于复杂的地物类型，自动分类法容易出现分类错误，后续修改工作量极大。

考虑到石臼湖藻类、水色差异、桥梁等复杂因素的影响，在“三调”数据水域的湖泊水面分类数据基础上，根据 2021 年 4—6 月 0.8 m 高分辨卫星遥感影像，按照“所见即所得”的方式，采用人工目视解译法，通过目视判读、表工修正，更新石臼湖水域范围，并辅助现场监测进行核对。

2.1.2 水域面积动态变化研究

根据 2021 年卫星影像解译，2021 年石臼湖湖泊水域总面积 212.22 km^2(含安徽省境内)，石臼湖江苏境内水域面积 107.68 km^2(图 2.1)，江苏段水域面积较 2020 年无增减[17](图 2.2)。

2.1.3 自由水面动态变化研究

根据 2021 年卫星影像解译，石臼湖江苏境内圈圩面积 1.58 km^2，围网面积 4.66 km²,自由水面面积 103.02 km²,自由水面率 94.3%,较 2020 年自由水面率增加 0.6%[18]。

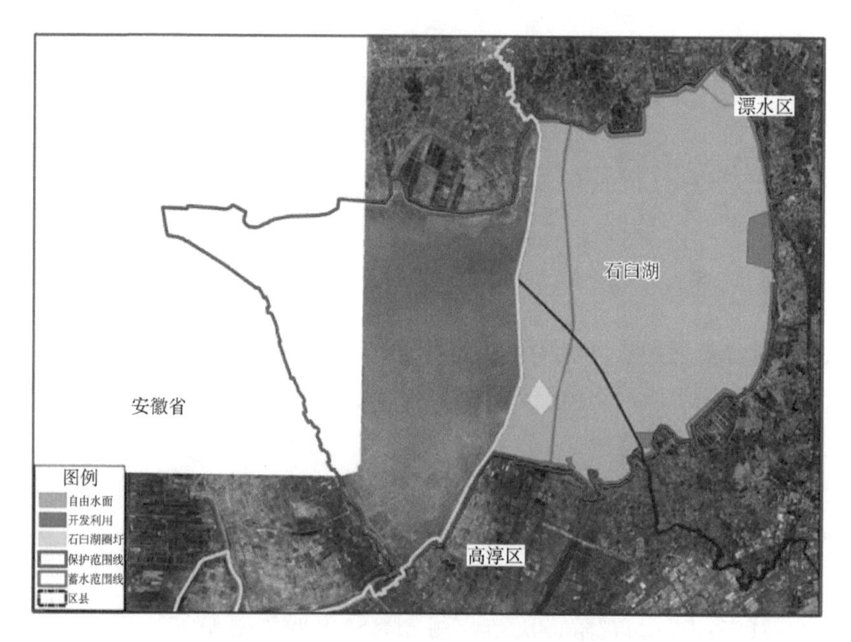

图 2.1 2021 年石臼湖水域面积测算图

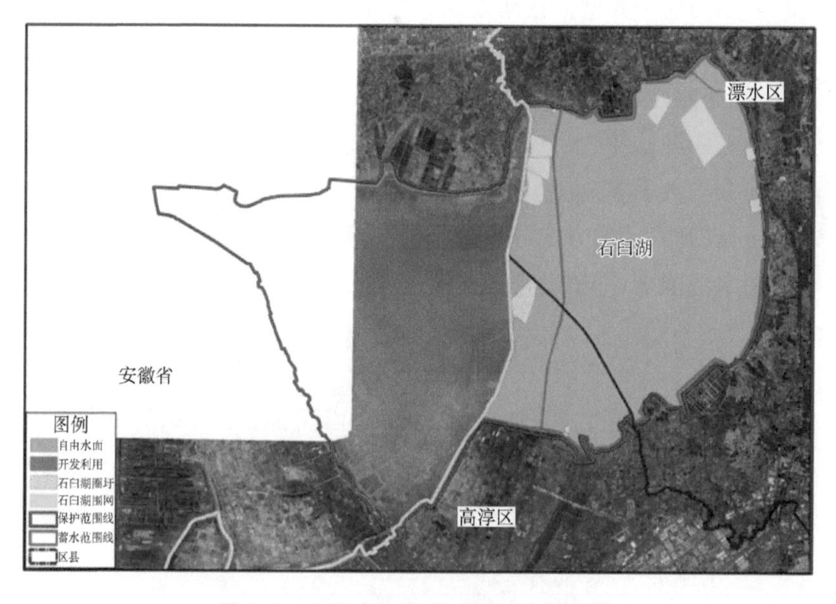

图 2.2 2020 年石臼湖水域面积测算图

2.2　水文特征研究

2.2.1　石臼湖湖区降雨量变化特征研究

2021年石臼湖蛇山站年降水量1 323.0 mm，年降水量较历年值偏多13.3%。汛期5—9月份雨量956.5 mm，占全年值的72.3%，月降水量与历年同期相比结果显示，5月、7月、8月、10月偏多，其他月份偏少。最大日降水量为132.5 mm(7月27日)。与多年平均(1989—2021年)降雨量相比，2021年湖区1月、2月、4月、6月、9月、11月、12月降水量呈现不同程度的减少(表2.1)；9月和12月降雨量减少程度较大，均超过70%。

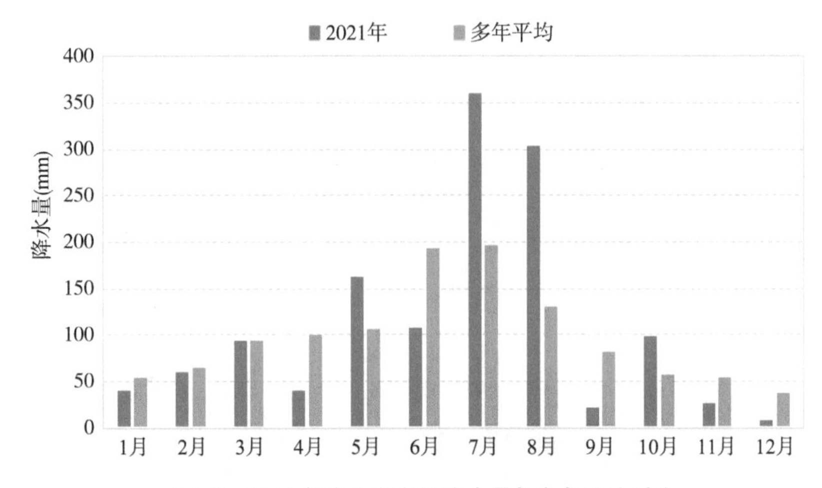

图2.3　2021年度石臼湖月降水量与多年平均对比

表2.1　石臼湖高淳站2021年各月降水量统计表(1989—2021年)

	1月	2月	3月	4月	5月	6月
2021年各月降水(mm)	40.0	60.5	94.0	39.5	162.0	108.0
多年平均(mm)	53.9	65.2	93.6	99.7	106.7	193.3
与多年平均相比	−25.8%	−7.2%	0.4%	−60.4%	51.8%	−44.1%
	7月	8月	9月	10月	11月	12月
2021年各月降水(mm)	360.5	304.0	22.0	98.5	26.5	7.5
多年平均(mm)	196.0	130.2	81.8	57.3	53.7	36.6
与多年平均相比	83.9%	133.5%	−73.1%	71.9%	−50.7%	−79.5%

2.2.2 石臼湖湖区水位变化特征研究

2021年1月至2月，受本地降水偏少、上游工程和长江水位偏低影响，石臼湖水位持续回落，3—4月受本地降水和长江水位上涨影响，石臼湖水位持续上涨。5月受长江水位上涨顶托影响，石臼湖水位持续上涨，5月下旬长江水位回落，石臼湖水位回落，入梅后受上游来水影响，水位缓涨，出梅后，水位缓落。7月下旬受上游来水及本地降水影响，水位上涨较快，7月28日水位达到10.40 m警戒水位，最高水位涨至10.62 m(7月28日)，为2021年出现的最高水位。汛后受少雨天气、长江水位回落、上游来水减少影响，石臼湖水位持续回落。具体水位过程线见图2.4。2021年石臼湖蛇山站年最高水位10.62 m(7月29日)，年最低水位4.24 m(2月24日)。2021年度石臼湖湖区月均水位变化情况见图2.5。

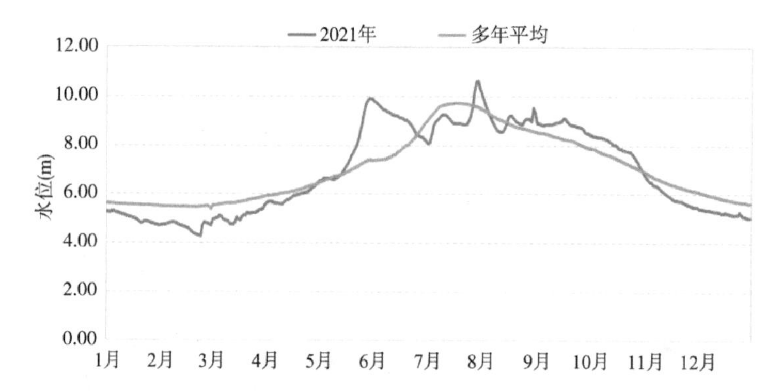

图2.4 2021年石臼湖日均水位与多年均值(1989—2021年)比较图

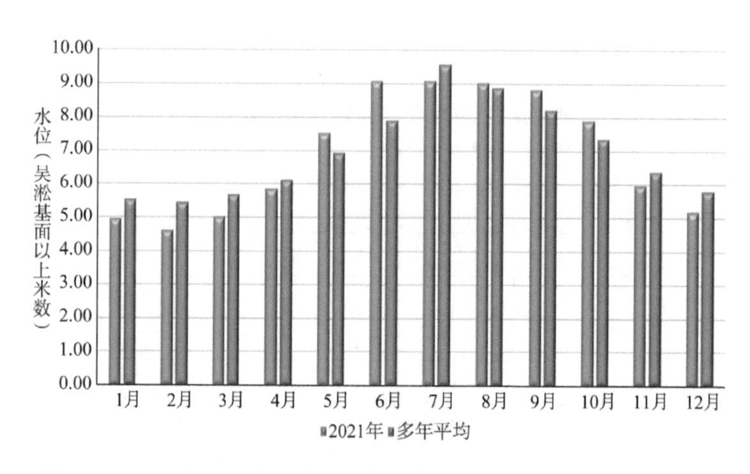

图2.5 2021年石臼湖月均水位与多年均值(1989—2021年)比较图

2.2.3 石臼湖出入湖水量变化特征研究

2021 年石臼湖主控制站入湖水量 27.28 亿 m^3，出湖水量 28.25 亿 m^3。姑溪河、中流河是入湖水量的主要来源，全年有 87.6%入湖水量来自这两条河道；姑溪河也是出湖主要河道，出湖水量占总出水量的 75.2%。主要控制站出入湖统计情况见表 2.2，各月出入湖水量见表 2.3。

表 2.2 2021 年度石臼湖主要控制站出入湖水量统计表

单位：亿 m^3

入湖			出湖		
序号	河道名称	水量	序号	河道名称	水量
1	中河流	18.35	1	中河流	3.416
2	湖阳圩	0.100	2	湖阳圩	0
3	姑溪河	5.543	3	姑溪河	21.24
4	博望河分区	0.591	4	博望河分区	0
5	天生桥	0.413	5	天生桥	1.359
6	天生桥河分区	0.523	6	天生桥河分区	0
7	新桥河分区	1.094	7	新桥河分区	0
8	团结圩分区	0.171	8	团结圩分区	0
9	蛇山抽水站	0.490	9	蛇山抽水站	0.211
10	水面蒸发	0	10	水面蒸发	2.025
合计		27.28	合计		28.25

表 2.3 2021 年各月石臼湖河道出入湖水量一览表

单位：亿 m^3

	1月	2月	3月	4月	5月	6月	7月	8月	9月	10月	11月	12月
月初蓄量	0.33	0.25	0.16	0.47	1.63	1.04	5.76	11.13	7.79	6.56	2.29	0.44
月末蓄量	0.25	0.16	0.47	1.63	1.04	5.76	11.13	7.79	6.56	2.29	0.44	0.79
月初月末蓄量之差	0.08	0.09	−0.31	−1.16	0.59	−4.72	−5.37	3.34	1.23	4.27	1.85	−0.35
入湖水量	0.26	0.39	2.92	1.56	4.00	3.37	6.25	3.27	2.36	1.71	0.18	0.01
出湖水量	4.11	1.41	1.21	0.54	0.67	2.94	2.02	2.68	2.54	2.55	3.31	4.30
出入湖水量之差	3.85	1.02	−1.71	−1.02	−3.33	−0.43	−4.23	−0.59	0.18	0.84	3.13	4.29

3

水质与营养状况特征研究

3.1 水体样品采集和评价方法

3.1.1 水体样品采集与处理

石臼湖湖区和出入湖河道的水体理化指标监测站点设置和采样频次见1.2章节，现场使用YSI公司生产的EXO型水质多参数分析仪，测定水温、浊度、电导率、矿化度（TDS）、pH、溶解氧（DO）、叶绿素a（Chla）等参数；用塞氏盘测定水体的透明度（SD）；用声呐测深仪测量湖泊水深；用5L采水器采集湖泊水样，加酸固定后低温保存，带回实验室测定高锰酸盐指数（COD_{Mn}）、氨氮（NH_4-N）、总磷（TP）、总氮（TN），监测方法采用江苏省地方标准《湖泊水生态监测规范》（DB 32/T 3202—2017）规定的检测方法[19]。

3.1.2 水体综合营养状态评价方法

水体综合营养状态评价指标包含COD_{Mn}、Chla、TP、TN、SD，评价方法采用水体综合营养指数法[20-22]，计算公式如下：

$$TLI(\sum) = \sum_{j=1}^{n} W_j \times TLI(j) \tag{3.1}$$

式中：

$TLI(\sum)$——水体综合营养状态指数；

W_j——第j种参数营养状态指数相关权重；

$TLI(j)$——第j种参数营养状态指数。

水体营养状态指数的计算公式：

$TLI(\mathrm{Chla}) = 10 \times (2.500 + 1.086 \times \ln \mathrm{Chla})$

$TLI(\mathrm{TP}) = 10 \times (9.436 + 1.624 \times \ln \mathrm{TP})$

$TLI(\mathrm{TN}) = 10 \times (5.453 + 1.694 \times \ln \mathrm{TN})$

$TLI(\mathrm{COD_{Mn}}) = 10 \times (0.109 + 2.661 \times \ln \mathrm{COD_{Mn}})$

$TLI(\mathrm{SD})=10\times(5.118-1.94\times\ln \mathrm{SD})$

以 Chla 为基准参数，则第 j 种参数的归一化相关权重计算公式如下：

$$W_j=\frac{r_{ij}^2}{\sum_{j=1}^{n} r_{ij}^2} \tag{3.2}$$

式中：r_{ij}——水体第 j 种参数与基准参数 Chla 的相关系数；

m——水体评价参数的个数。

营养状态分级标准[23]：贫营养 $TLI(\sum)<30$；中营养 $30\leqslant TLI(\sum)\leqslant 50$；富营养 $TLI(\sum)>50$，其中轻度富营养 $50< TLI(\sum)\leqslant 60$，中度富营养 $60< TLI(\sum)\leqslant 70$，重度富营养 $TLI(\sum)>70$。

3.2 水体理化特征研究

3.2.1 湖区水体理化指标时空差异分布研究

1. 水深

石臼湖各季节平均水深介于 0.70～4.40 m(图 3.1)，年平均水深 2.24 m。水深随季节呈现一定的变化趋势，最小平均水深出现在冬季，平均值为 0.97 m；最大平均水深出现在夏季，平均值为 4.19 m。水深最低值出现在冬季，为 0.70 m，水深最高值出现在夏季，为 4.40 m。

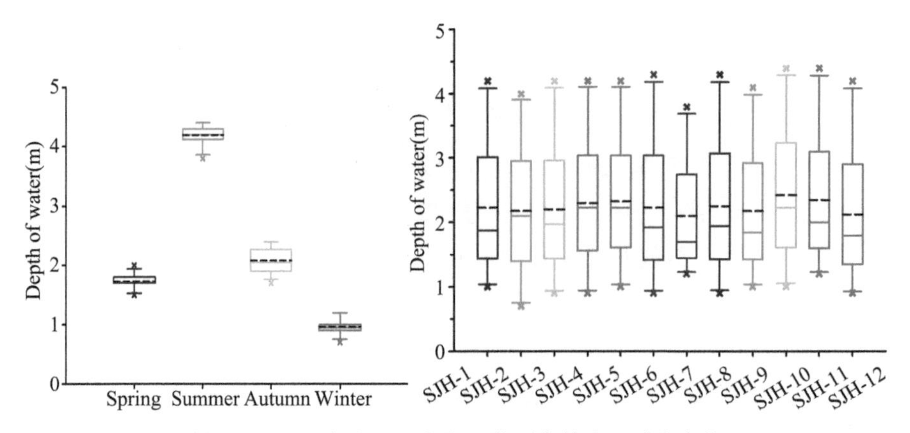

图 3.1　2021 年度石臼湖湖区监测点的水深时空变化

2. 水体温度

石臼湖属于浅水湖泊，因受湖泊气候的长期影响，水温有着相应的变化过程，最高温度出现在夏季，其值为 35.04℃，最低温度出现在冬季，其值为 4.46℃，全年平均水温为 21.62℃。从各监测点来看，年平均水温相差不大(图 3.2)。

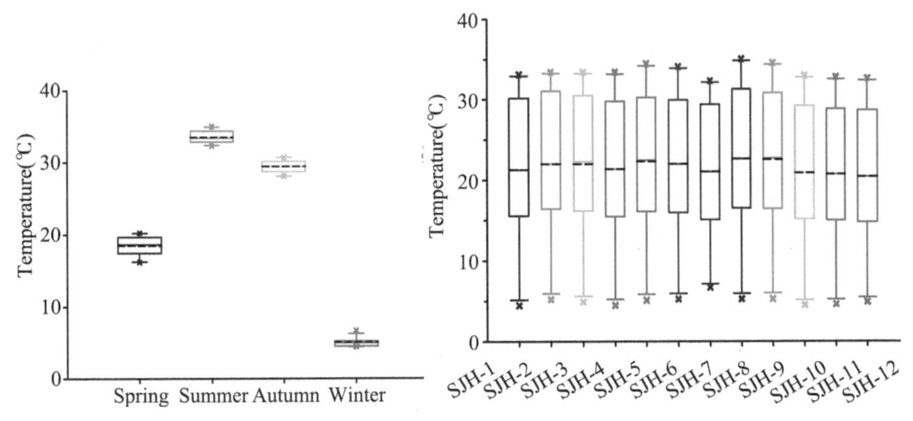

图 3.2　2021 年度石臼湖湖区监测点的水温时空变化

3. 水体透明度

透明度是指水体的澄清程度，是湖水的主要物理性质之一，透明度通常用塞氏盘方法来测定，以 cm 或 m 表示。影响湖水透明度大小的因素主要是水中的悬浮物质和浮游生物。悬浮物质和浮游生物含量越高，透明度越小；反之，悬浮物质和浮游生物的含量越少，则湖水透明度越大。

湖水透明度与生物量间表现出双曲线关系，而非直线关系。因此，利用这种曲线关系，在一定范围内透明度的大小可以指示浮游藻类的多寡。而浮游藻类的多寡又与水质营养状况直接相关，所以在很多水质富营养化评价标准中，均把透明度这一感官指标作为重要的评价参数。石臼湖全年平均透明度为 62.35 cm，湖水透明度呈先上升后下降的趋势(图 3.3)。全年最高平均值出现在夏季，其为 110.83 cm；各点位透明度最高平均值出现在 SJH-6 采样点，其值为 80.00 cm。全年最低平均值出现在冬季，其值为 29.25 cm；各点位透明度最低平均值出现在 SJH-12 采样点，其值为 51.25 cm。

4. 水体酸碱度

在淡水湖中，凡游离 CO_2 含量较高的湖泊，pH 就低；而 HCO_3^- 含量较高的湖泊，pH 也相应增加。由于受入湖径流 pH 的不同、湖水交换的强弱以及湖内生物种群数量的多少等因素影响，使 pH 的平面分布也不完全一致。在通常

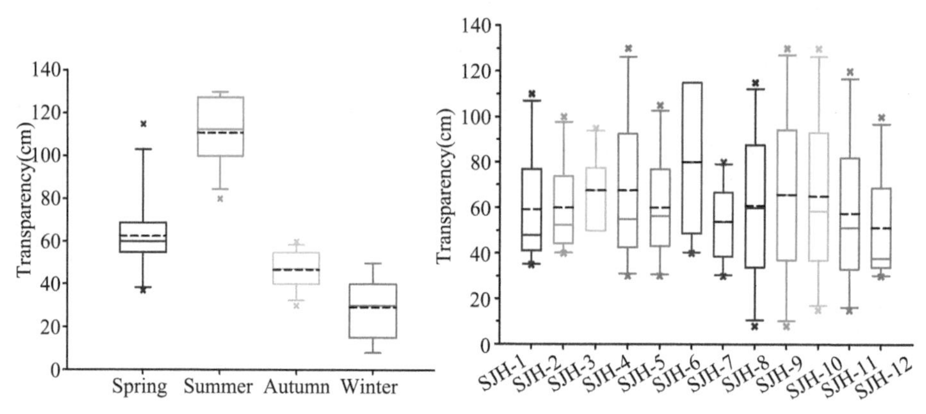

图 3.3　2021 年度石臼湖湖区监测点的水体透明度时空变化

情况下，敞水区的 pH 高于沿岸带。湖泊藻类在进行光合作用的过程中，一般需消耗水中的游离 CO_2，结果使 pH 相应增加。而光合作用的过程通常在白昼进行，并在夏、秋两季的表层水体中较旺盛，所以 pH 在昼夜、年内及垂线分布上都有明显的变化规律。

石臼湖湖水的 pH 全年均值为 8.79，呈微碱性。pH 秋季变化较明显，pH 在冬季有明显下降，其余季节相差不大；pH 夏季达到最大值，为 9.09，pH 最小值出现在冬季，为 8.21。各监测点之间 pH 变化相对较小，空间分布比较均匀(图 3.4)。

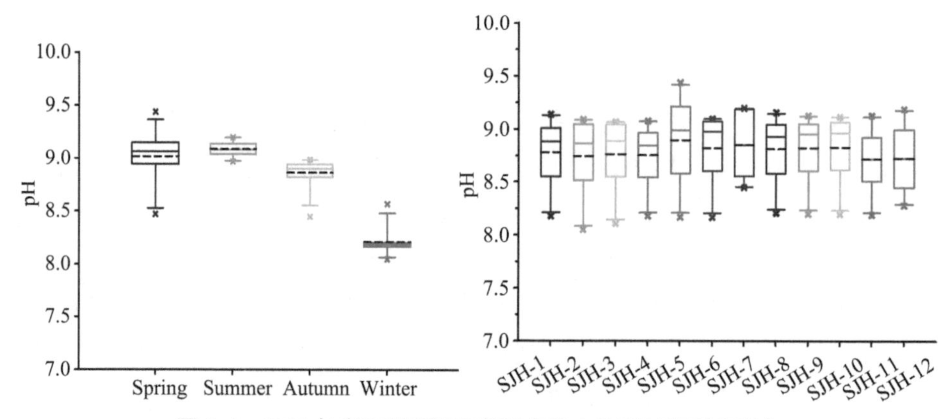

图 3.4　2021 年度石臼湖湖区监测点的水体酸碱度时空变化

5. 水体溶解氧含量

湖泊溶解氧含量的高低对湖泊生物生长、发育以及湖水自净能力的影响很大，是水质评价的一个重要依据。受湖水动力条件差异的影响，表层湖水中溶解氧含量的平面分布，一般敞水区比沿岸带略高。影响溶解氧含量的因素主要是温度，氧气在水中溶解度和其他气体一样，常随温度升高而降低，一年内夏季水温最高，湖水溶解氧含量则相应降低，而冬季则与此相反；其次是湖泊生物（水生高等植物和藻类）在白昼进行光合作用的同时也增加了湖水中氧气的含量，夜间则相反；湖中有机物或还原性物质在其分解和氧化过程中需消耗氧气，使溶解氧含量下降。

石臼湖表层湖水溶解氧含量呈现明显的季节变化，各季节溶解氧平均含量为 9.54 mg/L，最大值出现在冬季，为 12.38 mg/L；最小值出现在夏季，为 7.38 mg/L。随着温度的降低，氧气在湖水中的溶解度逐渐增大，冬季温度最低，溶解氧含量相对较高；夏、秋季温度较高，氧气在湖水的溶解度较低，与水温的变化趋势相反，说明湖水溶解氧含量的季节变化主要受湖水温度控制。各监测点年平均溶解氧含量差异较小，表明石臼湖溶解氧含量的空间变化较小（图 3.5）。

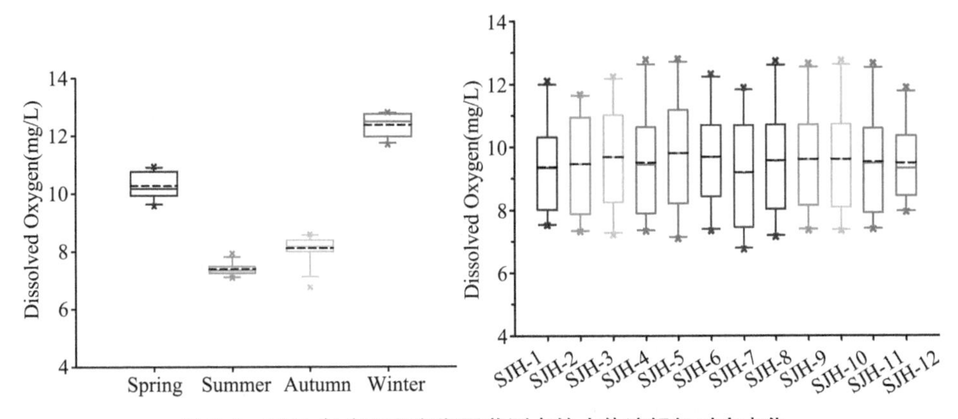

图 3.5　2021 年度石臼湖湖区监测点的水体溶解氧时空变化

6. 水体电导率

溶液的电导率是电解质溶液的一个基本物理化学量。在特定的条件下，溶液的含盐量、总溶解性固体物质（Total Dissolved Solids，TDS）、pH 等都与电导率有着密切的关系。由于电导率值随离子浓度的增大而增大，使用电导率反映水质状况很直观。

石臼湖电导率年平均值为 212.1 μS/cm。电导率随季节变化呈现降低趋势，春季电导率最高，为 234.9 μS/cm；冬季电导率最低，为 183.5 μS/cm。从空间分布上来看，SJH-4 采样点处电导率最低，为 180.8 μS/cm，SJH-3 采样点处电导率最高，为 245.18 μS/cm，其他监测点电导率均匀性较好（图 3.6）。

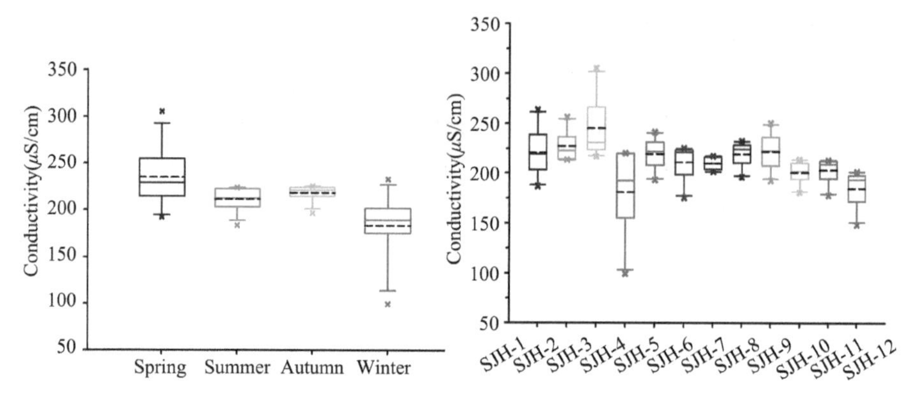

图 3.6　2021 年度石臼湖湖区监测点的水体电导率时空变化

7. 水体矿化度(总溶解性固体含量)

水体矿化度,也称总溶解性固体含量(TDS),是溶解在水里的无机盐和有机物的总称。湖水的矿化度是湖泊水化学的重要属性之一,它可直接反映出湖水离子组成的化学类型,又可以间接地反映出湖水盐类物质积累或稀释的环境条件。溶解性总固体的量与饮用水的味觉直接有关。其主要成份有钙、镁、钠、钾离子和碳酸根离子,碳酸氢根离子,氯离子,硫酸根离子和硝酸根离子。水中的 TDS 来源于自然界、下水道、城市和农业污水以及工业废水。为了防治结冰在路面上铺洒的盐类也可增加水中的 TDS 含量。

石臼湖水体中矿化度年平均值为 154.1 mg/L,季节变化明显,春季至夏季呈逐渐下降趋势,夏季至冬季呈上升趋势,最大值出现在冬季,为 192.7 mg/L,最小值出现在夏季,为 119.7 mg/L。从各监测点数据来看,变化趋势与电导率基本一致(图 3.7)。

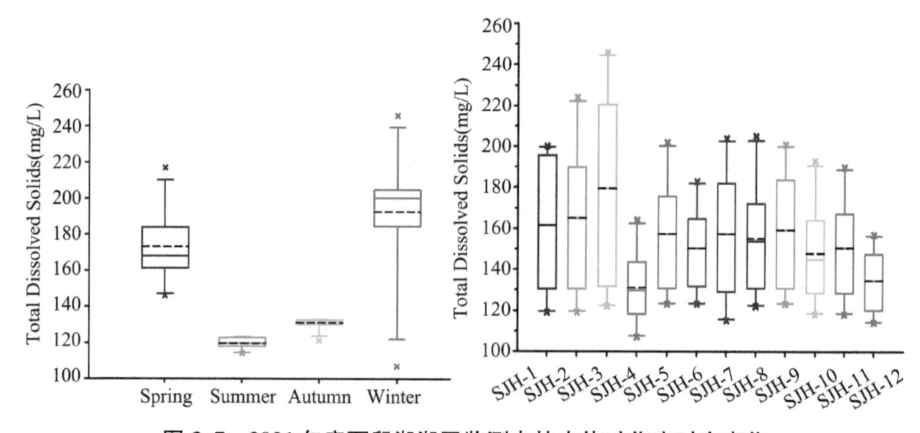

图 3.7　2021 年度石臼湖湖区监测点的水体矿化度时空变化

8. 水体浊度

浊度用以表现水中悬浮物对光线透过时所发生的阻碍程度。由于水中有不溶解物质的存在，使通过水样的部分光线被吸收或被散射，而不足直线穿透。因此，混浊现象是水样的一种光学性质。一般说来，水中的不溶解物质愈多，浊度愈高，但两者之间并没有直接的定量关系。浊度的大小不仅与不溶解物质的数量、浓度有关，而且还与这些小溶解物质的颗粒大小、形状和折射指数等性质有关。

石臼湖湖水浊度较低，年平均值为 13.64FNU，湖水浊度随季节的变化呈现先下降再升高的趋势，最高值出现在冬季，为 28.52FNU；最低值出现在夏季，为 2.51FNU。各监测点间湖水的浊度变化趋势不明显（图 3.8）。

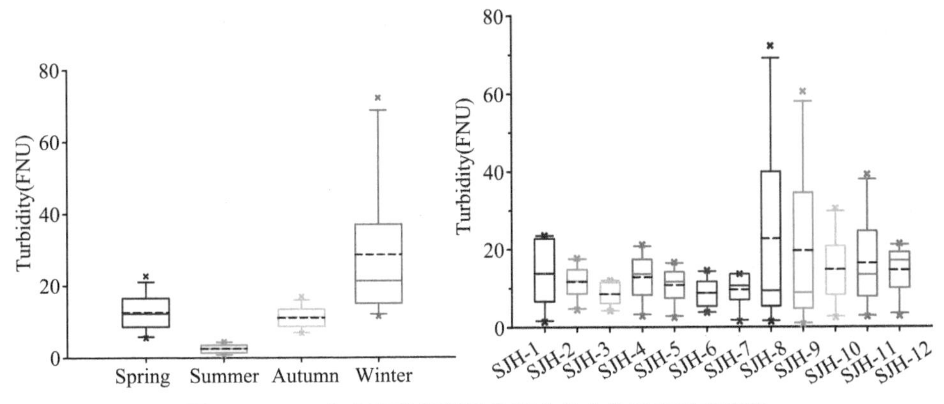

图 3.8　2021 年度石臼湖湖区监测点的水体浊度时空变化

9. 水体叶绿素含量

湖水中叶绿素 a 含量的个体密度是流域中初级生产者现存量的指标，这些初级生产者数量的多寡与该流域初级生产力的大小密切相关，其生产力直接或间接地影响水域中其他生物的生产力。采用测算湖水中叶绿素 a 的浓度的方法可以表征水体中浮游藻类的生物量水平。

石臼湖湖水的叶绿素 a 浓度呈现明显的季节变化，各季节 Chla 含量介于 4.09～11.58 μg/L 之间，平均值为 7.57 μg/L，最高值和最低值分别出现在秋季和夏季（图 3.9）。

3.2.2　湖区水体营养盐差异分布研究

2021 年，石臼湖主要水质指标年平均浓度：高锰酸盐指数 3.8 mg/L，氨氮 0.14 mg/L，总磷 0.036 mg/L，总氮 1.10 mg/L。石臼湖的主要污染指标是总

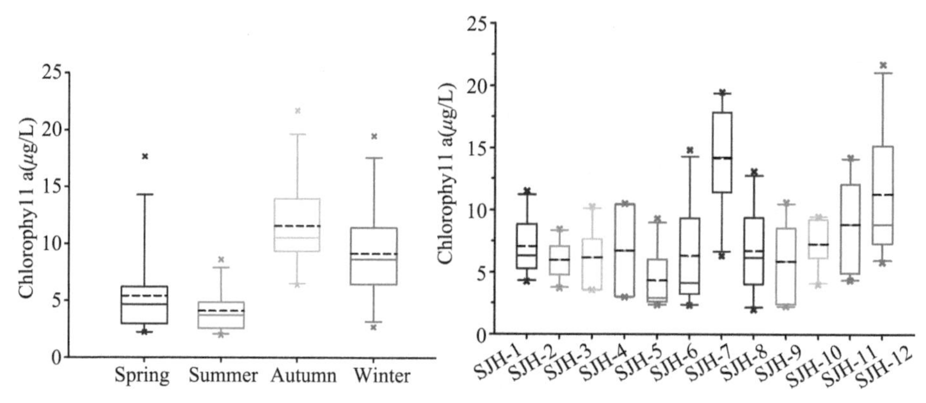

图 3.9 2021 年度石臼湖湖区监测点的水体叶绿素 a 时空变化

氮与总磷,特别是总氮浓度春季偏高。相比之下,高锰酸盐指数浓度较低;而氨氮污染水平最低,能基本达到Ⅰ类水的水平(图 3.10)。

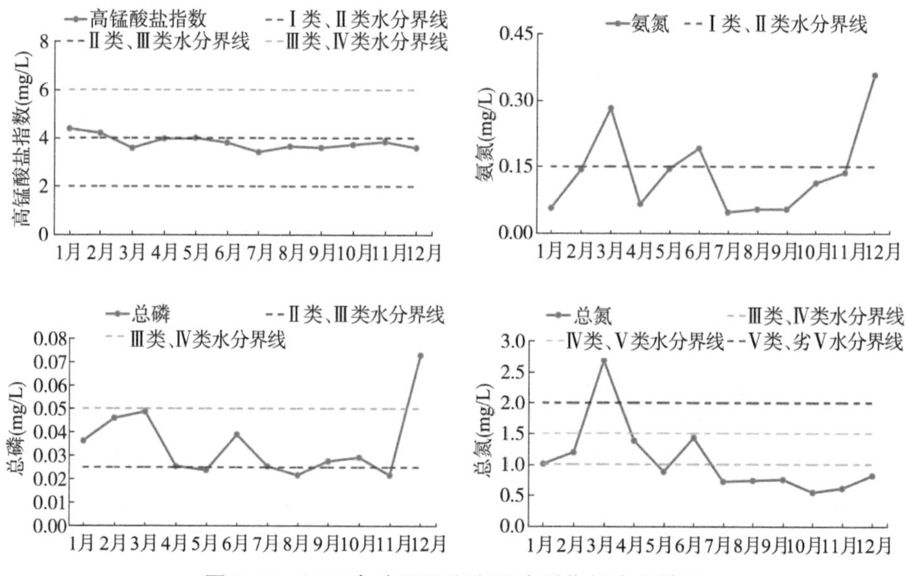

图 3.10 2021 年度石臼湖湖区水质指标变化情况

3.2.3 出入湖河道水体理化指标时空差异分布研究

1. 水体温度

2021 年石臼湖出入湖河道不同季节之间水温变化显著,夏季出入湖河道平均水温最高,为 33.6℃;冬季最低,为 4.9℃;全年均温为 21.9℃。不同出入湖河道水温年均差异不大(图 3.11)。

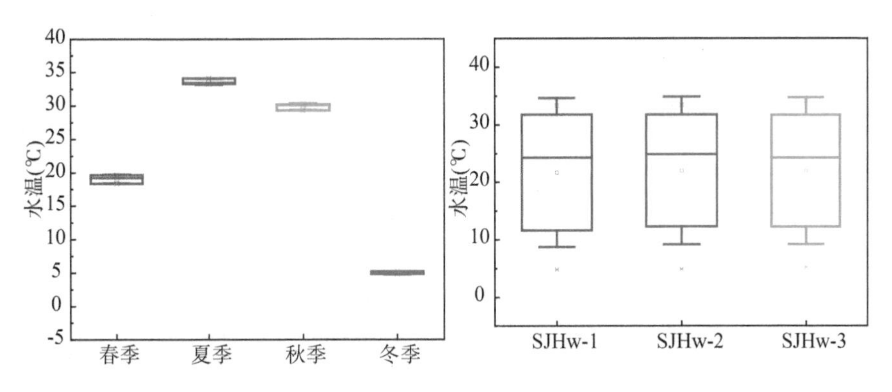

图 3.11 2021 年度石臼湖出入湖河道水温时空变化

2. 水体酸碱度

2021 年石臼湖出入湖河道的水体 pH 范围在 8.11～9.12 之间，均值为 8.78，其中不同季节之间的水体 pH 差异显著，春季和夏季水体 pH 较高，冬季 pH 较低，但各个河道间的水体 pH 差异不大。出入湖河道水体的 pH 和湖区水体的 pH 均呈弱碱性，且差异不大(图 3.12)。

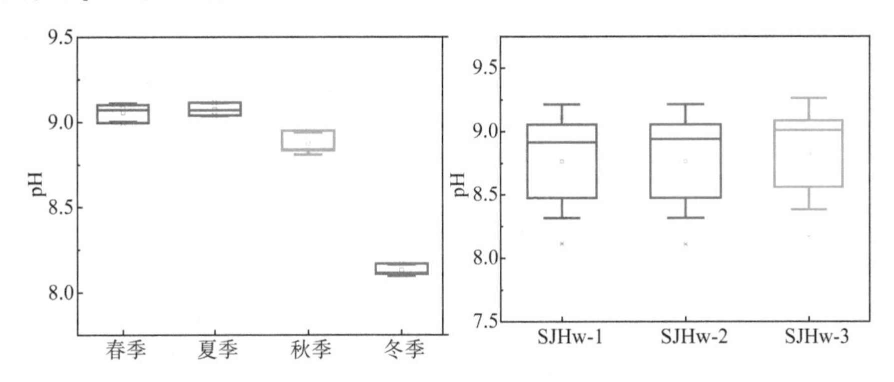

图 3.12 2021 年度石臼湖出入湖河道水体酸碱度时空变化

3. 水体溶解氧含量

2021 年石臼湖出入湖河道水体溶解氧含量分布在 7.22～12.33 mg/L 之间，均值为 9.59 mg/L。夏季和秋季的水体溶解氧显著低于春季和冬季，不同河道之间的差异并不显著(图 3.13)。

4. 水体电导率

2021 年石臼湖出入湖河道水体电导率范围在 175.1～305.6 μS/cm 之间，均值为 226.8 μS/cm。水体电导率在不同季节之间的差异显著，春季的水体电导率显著高于其他季节；在不同出入湖河道之间的差异不显著(图 3.14)。

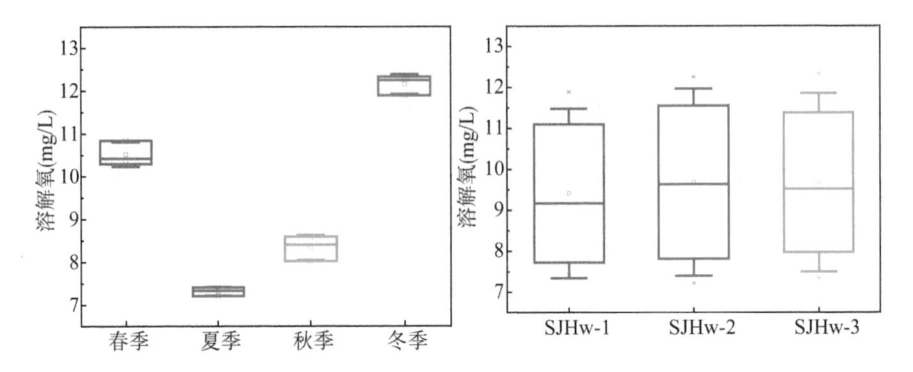

图 3.13　2021 年度石臼湖出入湖河道水体溶解氧时空变化

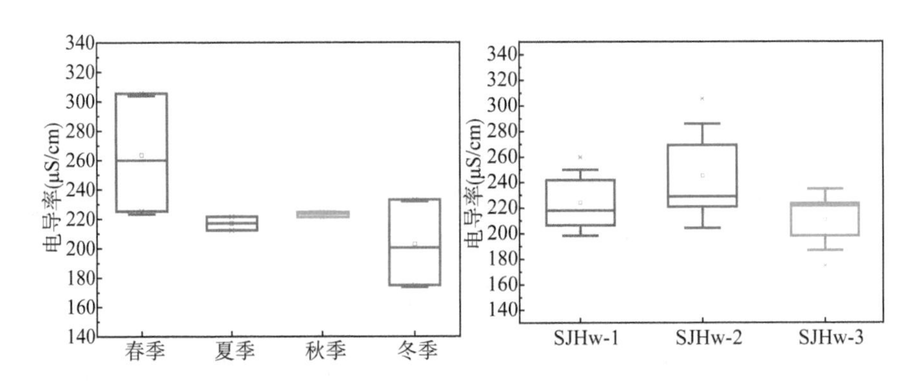

图 3.14　2021 年度石臼湖出入湖河道水体电导率时空变化

5. 水体矿化度(总溶解性固体含量)

2021 年石臼湖出入湖河道水体矿化度在 119～246 mg/L 范围之间,均值为 164.3 mg/L。不同季节之间的差异显著,夏季和秋季显著低于春季和冬季,不同河道之间的差异不显著(图 3.15)。

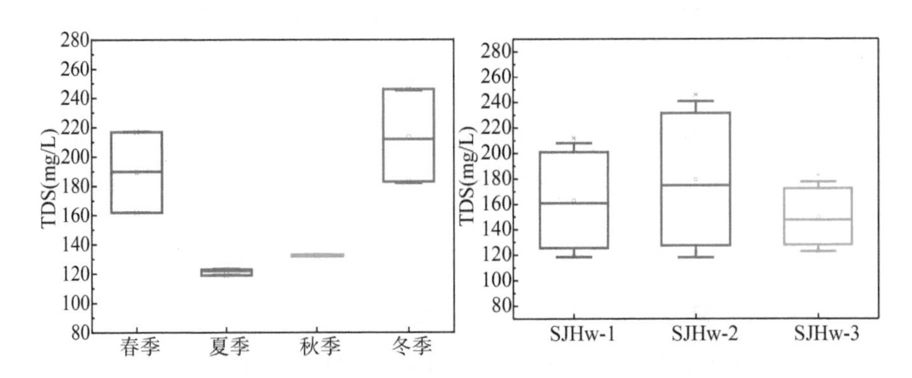

图 3.15　2021 年度石臼湖出入湖河道水体矿化度时空变化

6. 水体浊度

2021 年石臼湖出入湖河道水体浊度分布在 2.89～20.67FUN 范围之间，均值为 9.99FUN。出入湖河道 SJHw-1 河道的水体浊度要显著高于其他两条河道(图 3.16)。

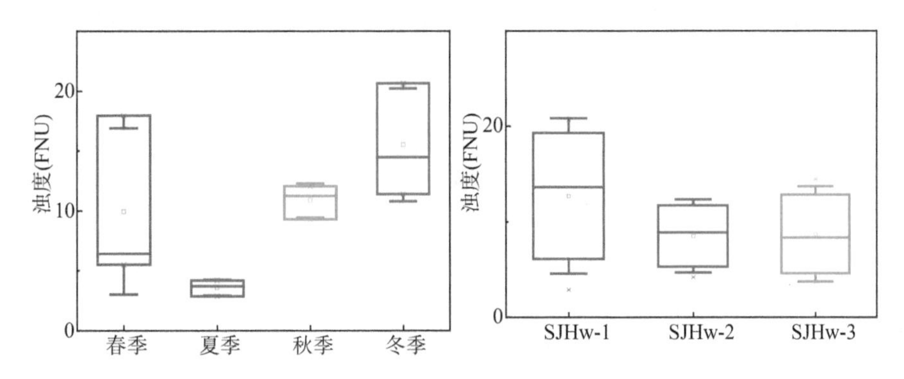

图 3.16　2021 年度石臼湖出入湖河道水体浊度时空变化

7. 水体叶绿素含量

2021 年石臼湖出入湖河道水体中叶绿素 a(Chla)含量分布范围为 2.32～14.85 μg/L,均值为 6.34 μg/L。春、夏、冬三季的叶绿素 a 含量显著低于秋季。在空间上,不同河道之间的水体叶绿素 a 含量差异不显著,SJHw-1 河道叶绿素 a 浓度最高(图 3.17)。

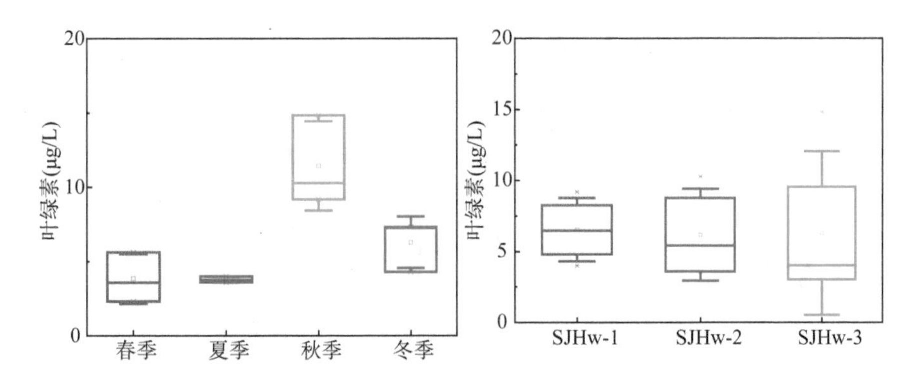

图 3.17　2021 年度石臼湖出入湖河道水体叶绿素时空变化

3.2.4　出入湖河道水体营养盐时空差异分布研究

2021 年度石臼湖出入湖河道的水体高锰酸盐指数介于 2.93～5.9 mg/L

之间，均值为 4.37 mg/L。参照《地表水环境质量标准》(GB 3838—2002)，整体上处于Ⅱ～Ⅲ类水水平。其中，不同季节之间的水体高锰酸盐指数差异明显，夏季出入湖河道水体高锰酸盐指数显著低于其他季节，且处于Ⅱ类水水平。不同出入湖河道水体高锰酸盐指数略有差异，其中 SJHw-2 处浓度最高，年均值为 5.45 mg/L。出入湖河道水体高锰酸盐指数整体略高于湖区水体(图 3.18)。

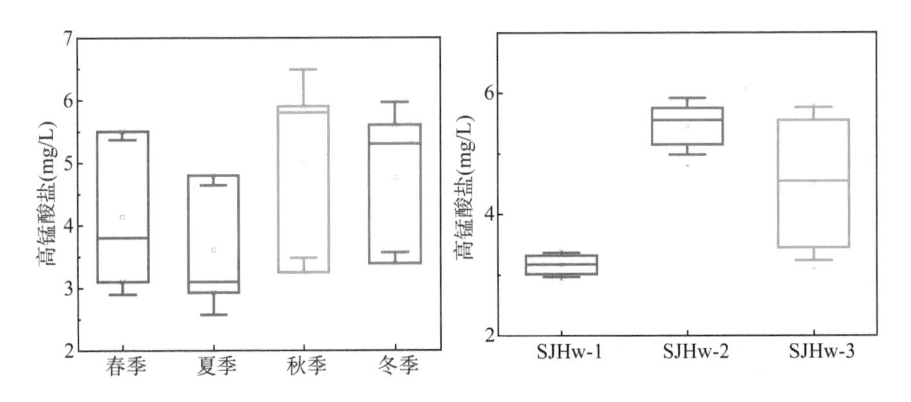

图 3.18　2021 年度石臼湖出入湖河道水体高锰酸盐指数时空变化

2021 年度石臼湖出入湖的水体氨氮浓度分布在 0.05～0.85 mg/L 范围之间，均值为 0.39 mg/L，基本上处于Ⅰ～Ⅲ类水水平。不同季节水体氨氮浓度存在显著差异，冬春季水体氨氮浓度显著高于其他季节。从各个河道之间的差异来看，总体 SJHw-2 河道处氨氮浓度相对较高(最高值出现在冬季)。统计结果显示出入湖河道水体氨氮浓度要显著高于湖区水体(图 3.19)。

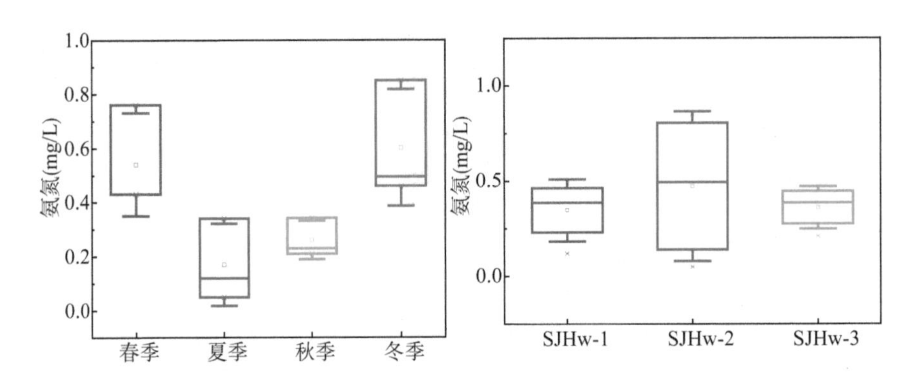

图 3.19　2021 年度石臼湖出入湖河道水体氨氮浓度时空变化

2021 年度石臼湖出入湖水体的总氮浓度分布在 0.4～2.77 mg/L 范围之间，均值为 1.28 mg/L，波动程度较大。从图中看出，不同季节之间的水体总氮浓度差异显著，其中春季的总氮浓度最高，秋季最低，变化趋势与湖区水体基本一致。从各个河道之间的差异来看，总体 SJHw-2 河道处总氮浓度相对较高（最高值出现在春季，图 3.20）。

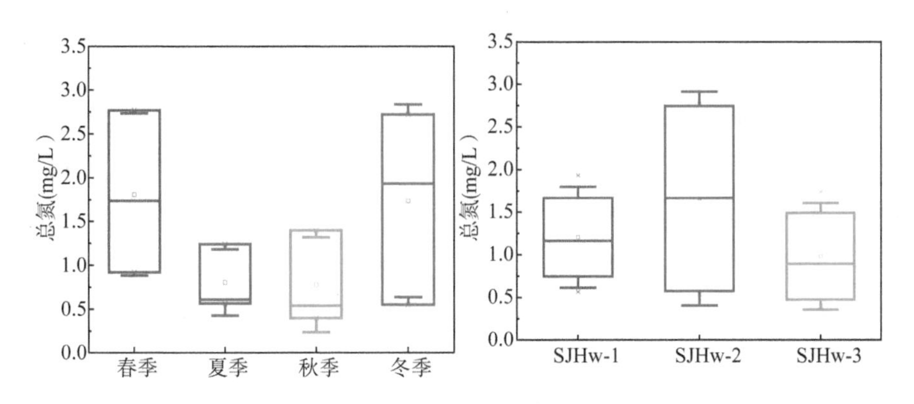

图 3.20 2021 年度石臼湖出入湖河道水体总氮浓度时空变化

2021 年度石臼湖出入湖的水体总磷浓度分布在 0.021～0.114 mg/L 范围之间，均值为 0.057 mg/L，均达到Ⅲ类水水平。不同季节之间的水体总磷浓度差异显著，其中冬夏季总磷浓度较高，秋季最低。分析统计结果，出入湖河道水体的总磷浓度要显著高于湖区水体（图 3.21）。

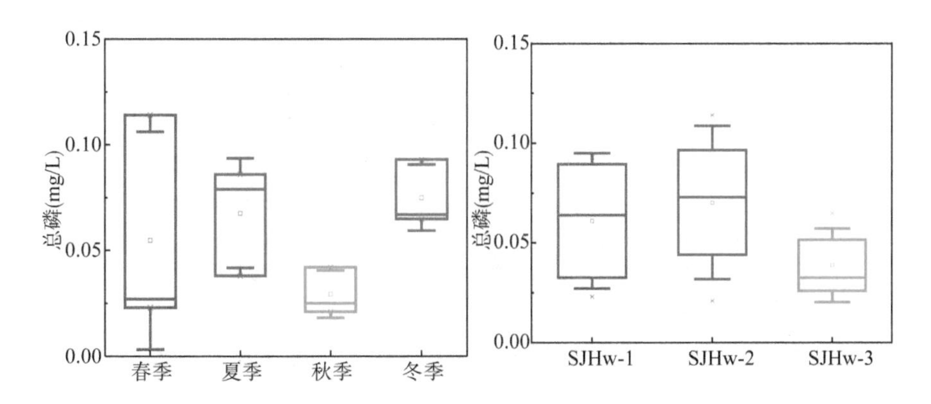

图 3.21 2021 年度石臼湖出入湖河道水体总磷浓度时空变化

总结 2021 年石臼湖入湖河道中水体的各项营养盐指标，入湖河道的主要污染物是总氮与总磷，而与湖区的水质营养盐指标相比较，入湖河道的水体高锰酸盐指数、氨氮浓度、总氮和总磷浓度均高于湖区，入湖河道对湖区的污染贡献程度较高。

3.3 沉积物分布特征研究

3.3.1 沉积物样品采集和评价方法

1. 沉积物样品采集和测定方法

用取泥器采集石臼湖湖底表层 0～20 cm 柱状沉积物，采集样点为 SJH-1 至 SJH-12(监测站点设置和采样频次见 1.2 章节)，用聚乙烯塑料袋密封，带回实验室经冷冻干燥后，去除沉积物杂物，研磨成粉末状，用 200 目尼龙网筛筛选后备用。总磷、总氮、有机质质量比分别采用钼锑抗分光光度法、凯式定氮法和重铬酸钾容量法测定[24-26]。

2. 沉积物污染程度评价方法

目前，国内未有系统的湖泊沉积物生态风险评价规范，沉积物污染等级评价主要参考《全国河流湖泊水库底泥污染状况调查评价》[27]。

3.3.2 沉积物分布特征变化研究

2021 年石臼湖底泥主要营养盐指标：有机质介于 1.87%～4.05%之间，均值为 3.18%，处于一级水平；总氮介于 700～2 180 mg/kg 之间，均值为 1 510 mg/kg，处于一级至三级水平；总磷介于 422.9～681.1 mg/kg 之间，均值为 556.1 mg/kg，处于一级水平。整体上，底泥中总氮含量较高，沉积物的污染程度较严重。

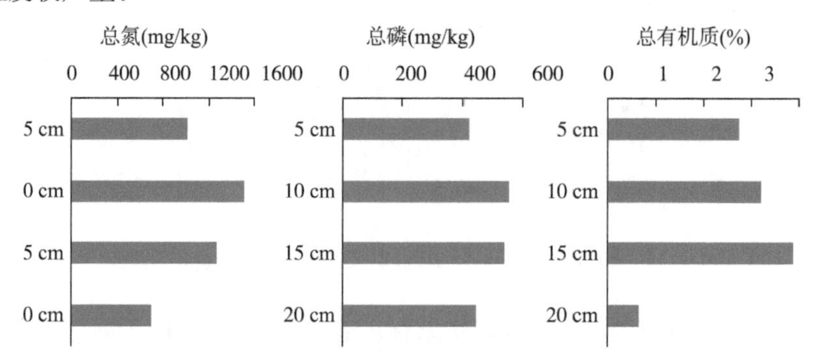

图 3.22　2021 年度石臼湖沉积物营养盐垂向分布特征

3.4 多年湖区水体营养状态变化趋势研究

3.4.1 多年湖区水质变化趋势研究

根据石臼湖 2008—2021 年水质监测资料[28-31]，总氮浓度介于 0.85～2.24 mg/L(图 3.23)之间，从 2008—2012 年整体呈下降趋势，随后 2012—2014 年又逐渐上升，2014—2020 年又逐渐降低，2020—2021 年又有所上升。单项水质类别为Ⅲ～劣Ⅴ类。2008—2021 年总磷浓度介于 0.034～0.110 mg/L 之间(图 3.24)，从 2008—2012 年趋势平稳，2013—2015 年呈逐年上升趋势，2015—2017 年呈逐渐下降趋势，2018—2019 年趋于平稳，2019—2020 年有下降趋势，2020—2021 年有所上升，单项水质类别均为Ⅲ～Ⅴ类。

3.4.2 多年湖区水体综合营养状态变化趋势研究

石臼湖 2008—2021 年营养状况指数均值为 51.5，介于 51.3～58.3 之间，2008—2021 年均处于轻度富营养。从历年变化趋势上看，自 2008 年开始，石臼湖营养状况指数整体趋于平稳(图 3.25)。

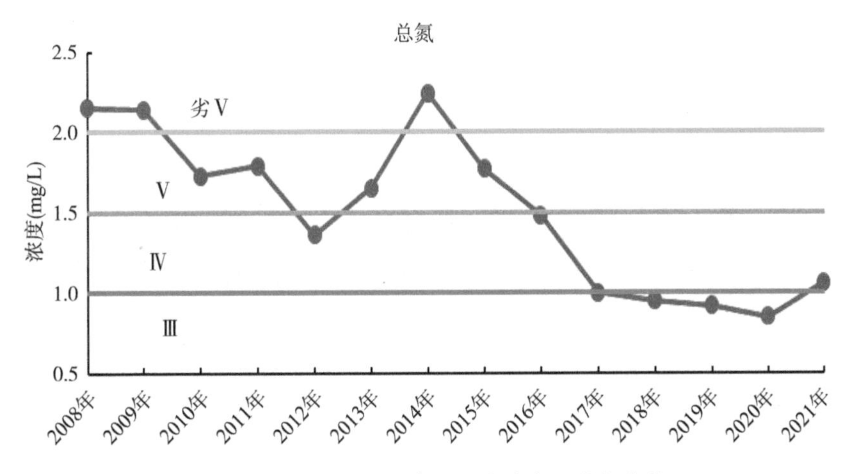

图 3.23 2008—2021 年石臼湖全湖区总氮变化

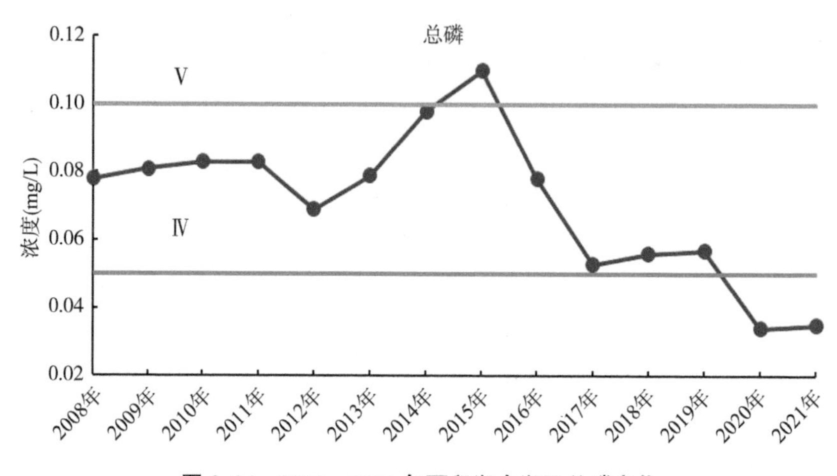

图 3.24　2008—2021 年石臼湖全湖区总磷变化

图 3.25　2008—2021 年石臼湖全湖营养状态指数变化

4

水生高等植物群落特征研究

4.1 样品采集方法

大型水生高等植物是水域水生态系统结构中的重要组成部分，其组成和分布对水域生态系统结构、功能都有显著的影响。调查组依据石臼湖遥感影像均匀设置采样点位，并将点位经纬度坐标导入 GPS。选取均匀性较好的群落采样，沉水和浮叶植物采集方法[32-35]：用采样夹在 1 m×1 m 范围内(采样面积为 0.2 m^2)将水草连根带泥全部夹取，洗净后，除去枯枝烂叶等杂物，及时鉴别种类，并分类称量水生植物鲜重，换算生物量。挺水植物采用边长 1 m 的 pvc 管方框采样，记录群落特征，并及时齐根收割称取鲜重。每个采样点位均需随机采集 2～3 次。

4.2 水生高等植物种类组成

春季石臼湖水生高等植物共计 9 种，分别隶属于 7 科(表 4.1 和图 4.1)。按生活型计，挺水植物 1 种，沉水植物 5 种，浮叶植物 2 种，漂浮植物 1 种，其中绝对优势种为沉水植物菹草。

夏季石臼湖水生高等植物共计 3 种，分别隶属于 3 科(表 4.1 和图 4.1)。按生活型计，挺水植物 1 种，浮叶植物 2 种，其中绝对优势种为挺水植物芦苇。

表 4.1 2021 年度石臼湖湖区水生植物统计表

序号	物种名称	春季	夏季	生活型
1	**禾本科 Gramineae**			
	芦苇 *Phragmites australis*	√	√	挺水
2	**菱科 Trapaceae**			
	菱 *Trapa natans*	√	√	浮叶
3	**小二仙草科 Haloragidaceae**			

续表

序号	物种名称	春季	夏季	生活型
	穗状狐尾藻 *Myriophyllum spicatum*	√		沉水
4	**龙胆科 Gentianaceae**			
	荇菜 *Nymphoides peltatum*	√	√	浮叶
5	**眼子菜科 Potamogetonaceae**			
	菹草 *Potamogeton crispus*	√		沉水
	竹叶眼子菜*Potamogeton malaianus*	√		沉水
6	**水鳖科 Hydrocharitaceae**			
	苦草 *Vallisneria natans*	√		沉水
	黑藻 *Hydrilla verticillata*	√		沉水
7	**槐叶苹科 Salviniaceae**			
	槐叶苹 *Salvinia natans*	√		漂浮

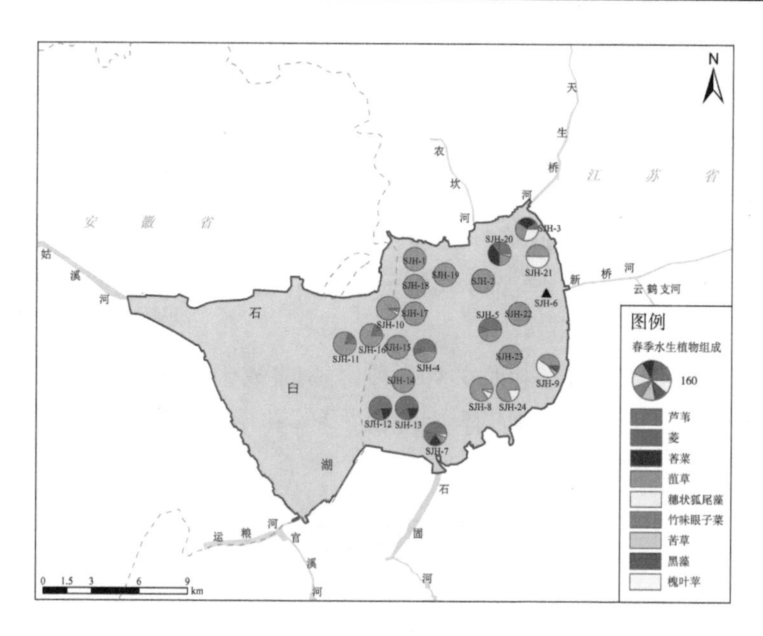

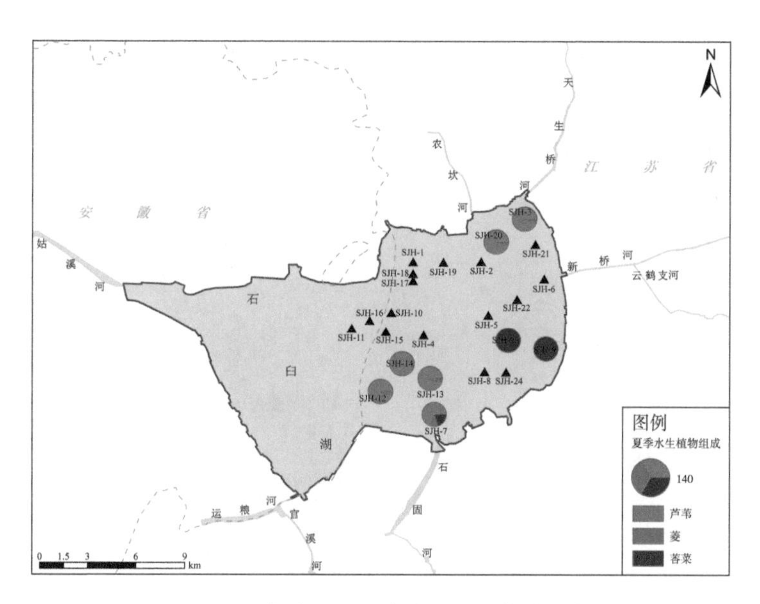

图 4.1 2021 年度石臼湖水生植物群落的种类组成

4.3 水生高等植物生物量与盖度的空间分布研究

2021 年度石臼湖春季荇菜频度最高，达到了 87.5%；夏季芦苇和菱出现频度较高，均超过 20.0%（表 4.2）。

表 4.2 2021 年度石臼湖水生植物类别及频度

水生植物种类	生活型	频度(%)	
		春季	夏季
芦苇	挺水	37.5	25.0
菱	浮叶	33.33	20.83
穗状狐尾藻	沉水	20.83	
荇菜	浮叶	87.5	12.5
菹草	沉水	25.0	
竹叶眼子菜	沉水	4.17	
苦草	沉水	12.5	
黑藻	沉水	4.17	
槐叶苹	漂浮	4.17	

2021 年春季石臼湖 24 个采样点水生高等植物平均生物量约为 1.80 kg/m^2，

其中 SJH－10 采样点单位面积生物量最高，为 3.2 kg/m²；夏季石臼湖 24 个采样点水生高等植物平均生物量约 0.52 kg/m²，在夏季的生态监测中，其中 SJH－7 采样点单位面积生物量最高，为 2.5 kg/m²（图 4.2）。

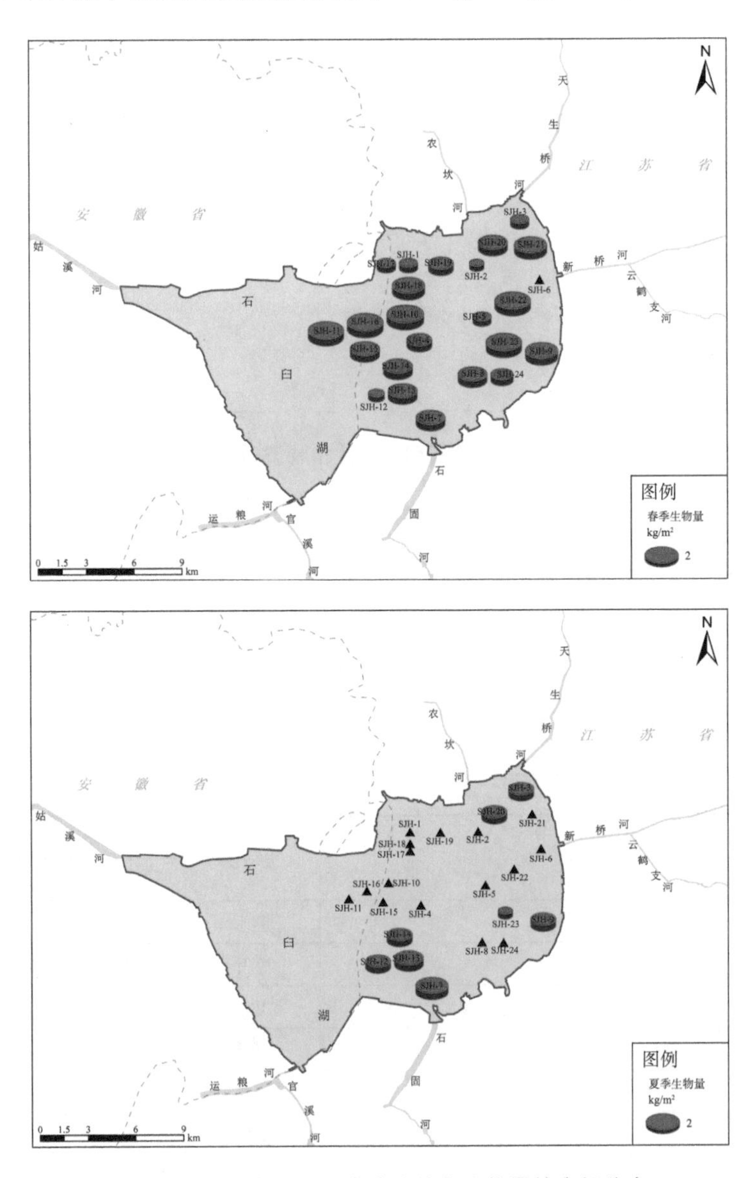

图 4.2　2021 年度石臼湖水生植物生物量的空间分布

2021 年春季石臼湖基本全湖均有观察到水生高等植物，其中 SJH－22 采样点处盖度最高，达到 90%，仅 SJH－6 采样点处未发现水生高等植物；

2021 年夏季仅在湖区南部和东北部附近发现少量水生高等植物，其中 SJH－7 采样点处盖度达到 50%。相比于春季各点监测到的水生高等植物，夏季水生高等植物盖度显著减少(图 4.3)。

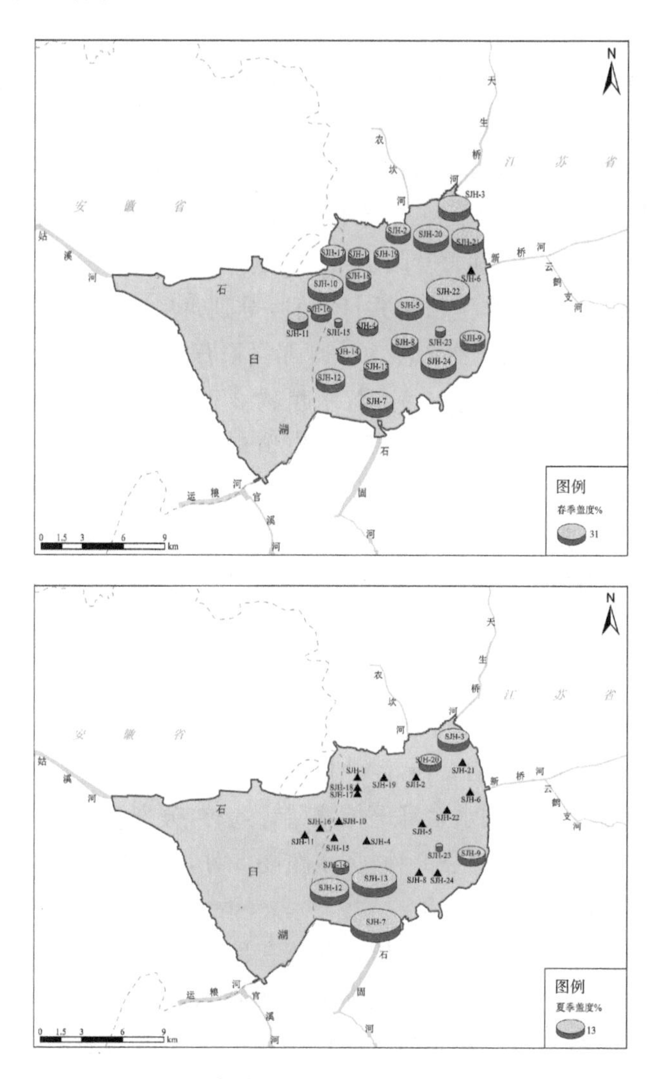

图 4.3　2021 年度石臼湖水生植物盖度的空间分布

4.4　水生高等植物特征历史变化研究

对比石臼湖监测历年(2013、2015、2017、2018、2019、2020 年度)的大型水

生高等植物与本年度的差异，分别从水生植物的种类组成、生物量以及盖度等角度对其历史变化趋势进行研究。

4.4.1 种类组成及优势种的历史变化趋势研究

2013 年春季石臼湖大型水生植物共计 6 种，分别隶属于 4 科。按生活型计，挺水植物 1 种，沉水植物 4 种，浮叶植物 1 种，其中绝对优势种为沉水植物菹草。2013 年夏季调查显示：石臼湖大型水生植物共计 6 种，分别隶属于 5 科。按生活型计，挺水植物 1 种，沉水植物 4 种，浮叶植物 1 种，其中绝对优势种为沉水植物微齿眼子菜和竹叶眼子菜。

2015 年春季石臼湖水生植物共计 7 种，分别隶属于 5 科，其中挺水植物 2 种，沉水植物 3 种，浮叶植物 2 种。2015 年夏季石臼湖水生植物共计 6 种，分别隶属于 4 科，其中挺水植物 3 种，沉水植物 2 种，浮叶植物 1 种，漂浮植物 2 种。挺水植物芦苇，沉水植物马来眼子菜、菹草是目前湖区的主要优势种。

2017 年春季石臼湖水生高等植物共计 10 种，分别隶属于 7 科。按生活型计，挺水植物 4 种，沉水植物 4 种，浮叶植物 2 种，其中绝对优势种为沉水植物菹草。2017 年夏季石臼湖水生高等植物共计 5 种，分别隶属于 4 科。按生活型计，挺水植物 3 种，浮叶植物 2 种，其中绝对优势种为挺水植物芦苇、浮叶植物野菱和荇菜。

2018 年春季石臼湖水生高等植物共计 11 种，分别隶属于 7 科。按生活型计，挺水植物 8 种，沉水植物 2 种，浮叶植物 1 种，其中绝对优势种为沉水植物菹草。2018 年夏季石臼湖水生高等植物共计 8 种，分别隶属于 7 科。按生活型计，挺水植物 3 种，浮叶植物 2 种，沉水植物 3 种，其中绝对优势种为挺水植物芦苇、浮叶植物荇菜。

2019 年春季石臼湖水生高等植物共计 9 种，分别隶属于 6 科。按生活型计，挺水植物 2 种，沉水植物 5 种，浮叶植物 2 种，其中绝对优势种为沉水植物菹草。2019 年夏季石臼湖水生高等植物共计 6 种，分别隶属于 5 科。按生活型计，挺水植物 3 种，浮叶植物 2 种，沉水植物 1 种，其中绝对优势种为挺水植物芦苇、浮叶植物荇菜。

2020 年春季石臼湖水生高等植物共计 10 种，分别隶属于 7 科。按生活型计，挺水植物 2 种，沉水植物 5 种，浮叶植物 2 种，漂浮植物 1 种，其中绝对优势种为沉水植物菹草。2020 年夏季石臼湖水生高等植物共计 3 种（水位高），分别隶属于 2 科。按生活型计，挺水植物 2 种，浮叶植物 1 种，其中绝对优势种为挺水植物芦苇。

2021 年春季石臼湖水生高等植物共计 9 种，分别隶属于 7 科。按生活型计，挺水植物 1 种，沉水植物 5 种，浮叶植物 2 种，漂浮植物 1 种，其中绝对优势种为沉水植物菹草。夏季石臼湖水生高等植物共计 3 种，分别隶属于 3 科。按生活型计，挺水植物 1 种，浮叶植物 2 种，其中绝对优势种为挺水植物芦苇。

总结上述历年来的大型水生高等植物的调查数据，得到石臼湖近几年来水生高等植物种类数量的变化情况（图 4.4）。春季的监测结果显示，石臼湖水生高等植物的种类数量 2013—2018 年逐年增加，2019 年略微减少，2020 年增加；夏季监测结果显示，石臼湖水生高等植物的种类数量 2013—2017 年逐年减少，2017—2018 年开始回升。整体上，2013—2021 年，石臼水生高等植物的种类数量呈先上升后下降的趋势，2020 年夏季水生植物数量最低，可能与 2020 年石臼湖高水位相关（2020 年 7 月 16 日 16 时 45 分，石臼湖蛇山站水位达 12.60 m，超警戒水位 2.20 m，超保证水位 0.10 m）。此外，挺水植物、沉水植物历年间的种类差异不大，构成了水生植物群落的主要组成部分；浮叶植物相对较少，漂浮植物种类有增加的趋势。

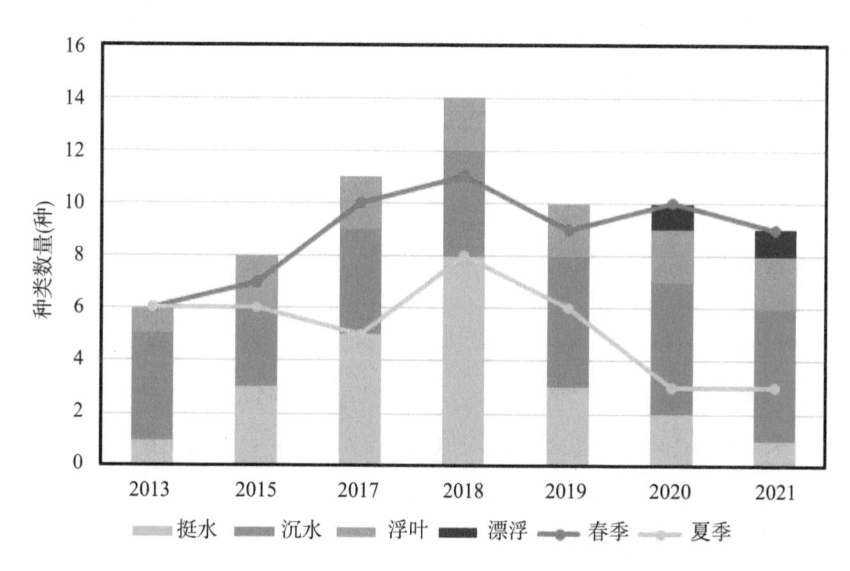

图 4.4 石臼湖水生高等植物种类数历史变化情况

4.4.2 生物量历史变化趋势研究

2013 年春季石臼湖全湖水生植物平均生物量为 1.16 kg/m^2，SJH－6、

SJH－7、SJH－14 采样点单位面积生物量较高，分别为 2.05 kg/m^2、2.35 kg/m^2、2.05 kg/m^2；2013 年夏季石臼湖全湖水生植物平均生物量为 0.36 kg/m^2，SJH－1、SJH－2、SJH－9 采样点单位面积生物量较高，分别为 1.32 kg/m^2、2.10 kg/m^2、1.30 kg/m^2。

2015 年春季石臼湖全湖水生植物平均生物量为 0.095 kg/m^2，SJH－7、SJH－9、SJH－12 采样点单位面积生物量较高，分别为 0.790 kg/m^2、1.200 kg/m^2、0.250 kg/m^2；2015 年夏季石臼湖全湖水生植物平均生物量为 0.175 kg/m^2，SJH－7、SJH－9 采样点单位面积生物量较高，分别为 1.200 kg/m^2、2.700 kg/m^2。

2017 年春季石臼湖全湖水生植物平均生物量为 0.18 kg/m^2，其中 SJH－7 采样点单位面积生物量最高值为 2.00 kg/m^2；2017 年夏季石臼湖全湖水生植物平均生物量为 0.13 kg/m^2，只在 SJH－7 和 SJH－23 采样点监测到水生高等植物，其生物量分别为 1.10 kg/m^2 和 2.00 kg/m^2，其他点位并未监测到水生高等植物。

2018 年春季石臼湖全湖水生植物平均生物量为 0.66 kg/m^2，其中 SJH－7 采样点单位面积生物量最高值为 2.00 kg/m^2；2018 年夏季石臼湖全湖水生植物平均生物量为 0.40 kg/m^2，只在 SJH－5、SJH－7、SJH－12、SJH－13 采样点监测到水生高等植物，其生物量前两者分别为 1.00 kg/m^2 和 2.50 kg/m^2，后两者均为 3.00 kg/m^2。

2019 年春季石臼湖全湖水生植物平均生物量为 0.87 kg/m^2，其中 SJH－7 采样点单位面积生物量最高，为 2.20 kg/m^2；2019 年夏季石臼湖全湖水生植物平均生物量为 0.43 kg/m^2，仅在 SJH－2、SJH－7、SJH－23 采样点监测到水生高等植物，其他点位并未监测到水生高等植物。

2020 年春季石臼湖 24 个样点水生植物平均生物量约为 0.73 kg/m^2，其中 SJH－7 采样点单位面积生物量最高值为 2.50 kg/m^2，6 月的生态监测显示在 SJH－6 采样点未监测到水生高等植物；夏季石臼湖 24 个采样点水生植物平均生物量约 0.40 kg/m^2，仅在 SJH－3、SJH－7、SJH－12、SJH－13、SJH－14、SJH－20 采样点监测到水生高等植物，其生物量 SJH－7 和 SJH－3 点较高，分别为 3.0 kg/m^2 和 2.0 kg/m^2。

2021 年春季石臼湖 24 个采样点水生高等植物平均生物量约为 1.80 kg/m^2，其中 SJH－10 采样点单位面积生物量最高，为 3.2 kg/m^2；夏季石臼湖 24 个采样点水生高等植物平均生物量约 0.52 kg/m^2，在夏季的生态监测中，

SJH－7 采样点单位面积生物量最高，为 2.5 kg/m^2。

总结历年来的大型水生高等植物的调查数据，得到石臼湖近几年来水生高等植物生物量的变化情况(图 4.5)。整体上，2013 年到 2021 年，石臼湖水生高等植物的生物量呈先下降后缓慢上升的趋势，2015 年全湖生物量最低，2021 年全湖生物量最高。此外，除 2015 年外，春季的水生高等植物生物量要高于夏季。

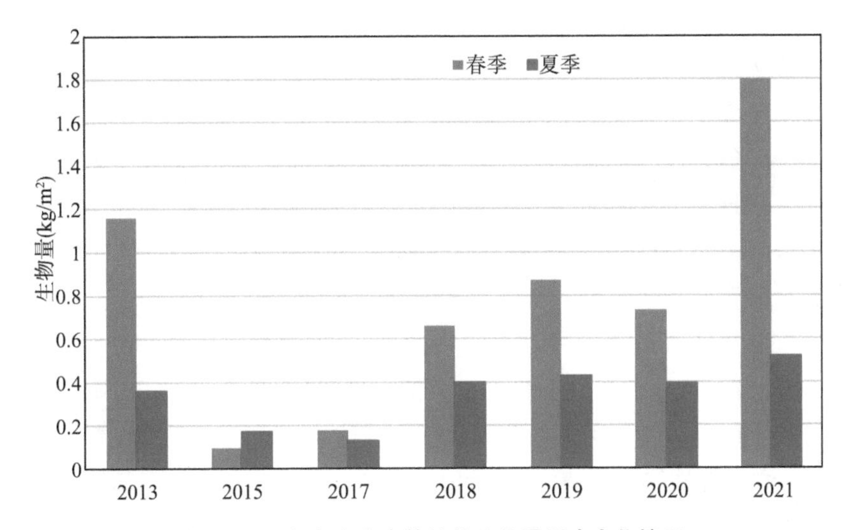

图 4.5　石臼湖水生高等植物生物量历史变化情况

4.4.3　盖度历史变化趋势研究

2013 年大型水生高等植物在石臼湖沿岸及湖心水域均有分布。24 个采样点中，有大型水生高等植物的，盖度普遍超过 70%，其中盖度最小为 30%(SJH－20)，盖度最大为 90%(SJH－1)。

2015 年大型水生高等植物主要分布在石臼湖南部水域以及湖心少数采样点，其他水域水生植物样品未采集到。2015 年春季石臼湖水生植物主要分布在 SJH－7、SJH－9、SJH－12 以及 SJH－13 采样点，盖度分别为 20%、80%、1%以及 1%；2015 年夏季石臼湖水生植物主要分布在 SJH－7、SJH－9 以及 SJH－14 采样点，盖度分别为 90%、100%以及 1%。

2017 年春季石臼湖水生高等植物的生物量和盖度中占绝对优势的是沉水植物菹草，24 个采样点中的 9 个监测到沉水植物菹草，且在这些采样点中的比例均大于 80%，且主要分布在石臼湖的中部和南部，北部的 SJH－1、SJH－

18 至 SJH－23 等 7 个采样点附近均未监测到水生高等植物。2017 年秋季在对水生高等植物的监测中发现：菹草的衰亡导致石臼湖水生高等植物的生物量急剧下降，且只在 SJH－7 和 SJH－23 采样点附近观察到水生高等植物。

2018 年春季石臼湖水生高等植物在 SJH－1 和 SJH－17 采样点的盖度较高，均达到 70%，其他采样点盖度在 1%～60%之间，2018 年夏季石臼湖水生高等植物只在 SJH－5、SJH－7、SJH－12 和 SJH－14 采样点监测到，其中 SJH－7 和 SJH－12 采样点盖度均为 15%，SJH－5 采样点盖度较低，为 5%，SJH－14 采样点盖度较高，达 30%。

2019 年春季石臼湖水生高等植物在 SJH－7 和 SJH－22 采样点的盖度较高，达到 80%，其他样点盖度在 1%～70%之间；2019 年夏季石臼湖水生高等植物只在 SJH－2、SJH－7、SJH9 和 SJH－23 采样点监测到，其中 SJH－7 盖度较高，为 60%，SJH－9 和 SJH－23 采样点盖度较低，为 20%，SJH－2 采样点盖度为 50%。

2020 年春季石臼湖 24 个采样点中的 21 个均监测到沉水植物菹草。在这 21 个采样点中，菹草盖度大于 60%的接近一半，且主要分布在石臼湖的中部和南部，北部的 SJH－6 附近未监测到水生高等植物。2020 年秋季在对水生高等植物的监测中发现：菹草的衰亡和水位的增高导致石臼湖水生高等植物的生物量急剧下降，且只在 SJH－3、SJH－7、SJH－12、SJH－13、SJH－14 和 SJH－20 采样点附近观察到水生高等植物。

2021 年春季石臼湖全湖基本均有观察到水生高等植物，其中 SJH－22 采样点处盖度最高，达到 90%，仅 SJH－6 采样点处未发现水生高等植物；2021 年夏季仅在湖区南部和东北部附近发现少量水生高等植物，其中 SJH－7 采样点处盖度达到 50%(表 4.3)。

表 4.3　石臼湖水生高等植物盖度的历年变化

年份		盖度最大点位
2013	春季	SJH－1(90%)
	夏季	SJH－7(70%)
2015	春季	SJH－9(80%)
	夏季	SJH－9(100%)
2017	春季	SJH－7(80%)
	夏季	SJH－7(30%)、SJH－23(30%)

续表

年份		盖度最大点位
2018	春季	SJH－1(70%)、SJH－17(70%)
	夏季	SJH－7(15%)、SJH－12(15%)
2019	春季	SJH－7(80%)、SJH－22(80%)
	夏季	SJH－14(30%)
2020	春季	SJH－22(90%)
	夏季	SJH－7(40%)
2021	春季	SJH－22(90%)
	夏季	SJH－7(50%)

浮游植物群落特征研究

5.1 样品采集与评价方法

5.1.1 样品采集与处理

取石臼湖 500 mL 表层水装瓶，现场立即加入鲁哥氏液固定，用来杀死样品中浮游植物及其他生物。鲁哥氏液剂量为水体样品的 1%，即 5 mL，使样品呈现棕黄色，带回实验室用分液漏斗进行沉淀、浓缩，静置沉淀 48 h 后，吸掉上清液，最后剩留 20～30 mL 时，将沉淀物移入 50 mL 容积的试剂瓶中。在显微镜下进行计数，获得单位体积(1 L)中浮游植物密度[36-38]。计数过程中，对数量极少的稀有种类、暂时定不了属种的，可先进行计数，留存照片，以备需要时再具体鉴定种类[39-40]。

5.1.2 群落多样性评价方法

浮游植物的种群结构变化是水环境演变的直接后果之一，因此浮游植物可以作为生物指标来指示水质。由于能迅速响应水体环境变化，且不同浮游植物对有机质和其他污染物敏感性不同，因而可以用藻类群落组成来判断不同水域水质状况和水体健康程度[41]。一般来说，浮游植物的多样性越高，其群落结构越复杂，稳定性越好，水质越好；而当水体受到污染时，敏感型种类消失，多样性降低，群落结构趋于简单，稳定性变差，水质下降。浮游植物群落的 alpha 多样性采用 Shannon-Wiener 多样性指数和 Pielou 均匀度指数来进行评估。

1) Shannon-Wiener 多样性指数

Shannon-Wiener 多样性指数代表了群落中物种个体出现的不均衡与紊乱程度，从而指出整个群落的多样化水平，计算公式如下：

$$H = -\sum_{i=1}^{n}\left(\frac{n_i}{N}\times\ln\frac{n_i}{N}\right) \tag{5.1}$$

式中：

H —— 群落的 Shannon-Wiener 多样性指数；

n_i —— 群落中第 i 个种的个体数目；

N —— 群落中所有种的个体总数；

n —— 群落中的种类数。

多样化水平等级划分[42-44]：无污染或轻度污染水质，H>3；中度污染水质，1≤H≤3；重度污染水质，H<1。

2) Pielou 均匀度指数

Pielou 均匀度指数描述的是群落中个体的相对丰富度或所占比例，它反映了物种个体数目在群落中分配的均匀程度，计算公式如下：

$$J_{SW}=\left[-\sum_{i=1}^{n}\left(\frac{n_i}{N}\times\ln\frac{n_i}{N}\right)\right]\Big/\ln n \tag{5.2}$$

式中：

J_{SW} —— 基于 Shannon-Wiener 指数计算的 Pielou 均匀度指数；

n_i —— 群落中第 i 个种的个体数目；

N —— 群落中所有种的个体总数；

n —— 群落中的种类数。

均匀程度等级划分[45-46]：无污染或轻度污染水质，0.5< J_{SW} ≤0.8；中度污染水质，0.3≤ J_{SW} ≤0.5；重度污染水质，J_{SW} <0.3。

5.2 浮游植物种属组成

2021 年石臼湖共观察到浮游植物 52 属，112 种（表 5.1）。其中绿藻门的种类最多，有 36 种，其次为硅藻门和蓝藻门，均鉴定出 27 种，再次为裸藻门 12 种，隐藻门 4 种，甲藻门 3 种，金藻门 2 种，黄藻门 1 种。

表 5.1 2021 年度石臼湖浮游植物鉴定数据汇总表

种属	拉丁名	SJH-1	SJH-2	SJH-3	SJH-4	SJH-5	SJH-6	SJH-7	SJH-8	SJH-9	SJH-10	SJH-11	SJH-12
蓝藻门	**Cyanophyta**												
颤藻属	Oscillatoria sp.	++++	++++	++++	++++	++++	++++	++++	++++	++++	++++	++++	++++
浮鞘丝藻	*Planktolyngbya* sp.		++++										
浮丝藻	*Planktothrix* sp.	++++	++++	++++	++++	++++	++++	++++	+++			++++	++++
尖头藻	*Raphidiopsis* sp.		+++	++	+++		+++					+++	
地中海尖头藻	*Raphidiopsis mediterranea*	++++		++++		++++		++++	++++			+++	++++
聚球藻	*Synechococcus* sp.										+++		
卷曲鱼腥藻	*Anabaena circinalis*			+++	++	++++	+++	++++	+++				
拉式拟柱孢藻	*Cylindrospermopsis raciborskii*	++++	++++	++++	++++	++++	++++	++++	++++		++++	++++	++++
类颤鱼腥藻	*Anabaena oscillarioides*	++++	+++		++++		+++		++++	+++	+++	+++	
鞘丝藻	*Lyngbya* sp.			++++	+++	++++							
色球藻	*Chroococcus* sp.	+++		++				+++		+++	+++		
水华束丝藻	*Aphanizomenon flos-aquae*										++		
水华鱼腥藻	*Anabaena flos*－*aquae*				++								
松旋藻	*Glaucospira* sp.	+++	++					+++					
弯形尖头藻	*Raphidiopsis curvata*	+++	++	++++	+++	++++		++++	++++		++++	+++	
微囊藻	*Microcystis* sp.	++++	++++	+++	++++	++++	++++	++++	++++	++++	++++	+++	++++
伪鱼腥藻	*Pseudanabaena* sp.	++++	++++	++++	++++	++++	++++	++++	++++	++++	++++	++++	++++
席藻	*Phormidium* sp.	++++	++++	++++	++++	++++	+++	++++	+++	++++	++++	++++	++++

续表

种属	拉丁名	SJH-1	SJH-2	SJH-3	SJH-4	SJH-5	SJH-6	SJH-7	SJH-8	SJH-9	SJH-10	SJH-11	SJH-12
细鞘丝藻	*Leptolyngbya* sp.					++			++	++	++	++	++
细小平裂藻	*Merismopedia minima*			+++	++++						++++		+++
点形平裂藻	*Merismopedia punctata*		++++	+++			++++	++++	+++			++	
伊莎矛丝藻	*Cuspidothrix issatschenkoi*	++++	+++	++++		++++		++++				+++	++++
鱼腥藻	*Anabaena* sp.	++++	++++	++++	+++	++++	+++	++++	++++	+++	++++	++++	
螺旋藻	*Spirulina* sp.	+++		++++	+++	++++		+++	++++		++++	++++	++++
细小隐球藻	*Aphanocapsa elachista*		+++	+++	+++	++++			++++		++++		
隐杆藻	*Coccochlorais* sp.								+++				
项圈藻	*Anabaena* sp.				++++	+++		++++					+++
金藻门	**Chrysophyta**												
锥囊藻	*Dinobryon* sp.			++					++				
圆筒锥囊藻	*Dinobryon cylindricum*		++		++								
硅藻门	**Bacillariophyta**												
曲壳藻	*Achnanthes* sp.	++		++				+++					++
美丽星杆藻	*Asterionella formosa*	+++	++++							++	++		
扁圆卵形藻	*Cocconeis placentula*		++		++	++			++			++	
梅尼小环藻	*Cyclotella meneghiniana*	++			+++	+++		++	+++	++	+++		+++
小环藻属 1（个体小）	*Cyclotella* sp. 1	+++	++	+++	+++	++	++	+++	+++	+++	++	+++	++++
链形小环藻	*Cyclotella catenata*							++	++				++

续表

种属	拉丁名	SJH－1	SJH－2	SJH－3	SJH－4	SJH－5	SJH－6	SJH－7	SJH－8	SJH－9	SJH－10	SJH－11	SJH－12
草鞋形波缘藻	*Cymatopleura solea*								++	++	++	++	
脆杆藻	*Fragilaria* sp.	+++	+++				+++			+++		++	
颗粒直链藻	*Melosira granulata*	++++	++++		++	++++	+++	++++	+++	++	+++	++++	++++
颗粒直链藻极狭变种	*Melosira granulata angustissima*	++		+++		++++	++		+++		++++	++++	++++
颗粒直链藻极狭变种螺旋变型	*Melosira granulata* var. *angustissima*	+++			++	+++			+++	++	+++	++	++
直链藻	*Melosira* sp.	+++	++++	++	++	+++	++	++	++	++	+++	+++	
变异直链藻	*Melosira varians*	+++		+++	++	+++	+++	++++	++	+++			++
双头舟形藻	*Navicula dicephala*				++	+++			+++	+++	+++		
舟形藻属 1	*Navicula* sp. 1			++		+++			++		++	++++	
菱形藻属 1（小）	*Nitzschia* sp. 1	+++	+++		+++	++		+++	++		+++	+++	
长菱形藻	*Nitzschia longissima*			++									
针形菱形藻	*Nitzschia acicularis*	+++	+++		++	+++			+++	+++	+++	+++	+++
羽纹藻	*Pinnularia* sp.					++		++					
窄双菱藻	*Surirella angustata*				++								
尖针杆藻	*Synedra acus*	+++	++	++	++++		++	++	+++	++	++	+++	++
针杆藻	*Synedra* sp.	++++	++++	++++	++	++++	+++	++++	+++		++++	+++	+++
肘状针杆藻	*Synedra ulna*	++						++			++	++	+++
透明双肋藻	*Amphipleura pellucida*	++	++		++								++
等片藻	*Diatoma* sp.	+++	++										

续表

种属	拉丁名	SJH－1	SJH－2	SJH－3	SJH－4	SJH－5	SJH－6	SJH－7	SJH－8	SJH－9	SJH－10	SJH－11	SJH－12
辐节藻	*Stauroneis* sp.				++				++	++	++	++	
布纹藻	*Cyrosigma* sp.					++							
隐藻门	**Cryptophyta**												
蓝隐藻	*Chroomonas* sp.	++											
具尾蓝隐藻	*Chrcomonas caudata*	++	+++	++	+++	++	++	+++	++	++	++	++	++
啮蚀隐藻	*Cryptomonas erosa*	+++					+++	++			++		++
卵形隐藻	*Cryptomonas ovata*		+++	++	+++		++	+++	++	+++	++	++	
甲藻门	**Pyrrophyta**												
角甲藻	*Ceratium hirundinella*						++		++		++	++	++
薄甲藻	*Glenodinium* sp.				++					++	++	++	++
多甲藻	*Peridinium* sp.	++		++									
裸藻门	**Euglenophyta**												
梭形裸藻	*Euglena acus*						++						
静裸藻	*Euglena deses*	++											
尖尾裸藻	*Euglena oxyuris*					++							
绿色裸藻	*Euglena viridis*								++		++		
裸藻属 1(大)	*Euglena* sp. 1						++						
裸藻属 1(小)	*Euglena* sp. 2							++					+++
鳞孔藻	*Lepocinclis* sp.	++	++										
扁裸藻	*Phacus* sp.	++		++	++	++	++	++	++	++	++	++	++

续表

种属	拉丁名	SJH－1	SJH－2	SJH－3	SJH－4	SJH－5	SJH－6	SJH－7	SJH－8	SJH－9	SJH－10	SJH－11	SJH－12
长尾扁裸藻	*Phacus longicauda*	++											
扭曲扁裸藻	*Phacus tortus*	++											
囊裸藻属 1（个体大）	*Trachelomonas* sp. 1					++						++	
囊裸藻属 2（个体小）	*Trachelomonas* sp. 2				++	+++		++	++				
绿藻门	**Chlorophyta**												
集星藻	*Actinastrum* sp.	+++				++++		++++		++			++++
被甲栅藻	*Scenedesmus armatus*	++											
单角盘星藻具孔变种	*Pediastrum simplex* var. *duodenarium*						+++	++++	+++		+++		
顶锥十字藻	*Crucigenia apiculata*				++	++				++		++	++
二角盘星藻	*Pediastrum duplex*				++								
二形栅藻	*Scenedesmus dimorphus*								+++				
弓形藻	*Schroederia* sp.	++++	+++	+++	+++	++	+++	++	+++	++	+++	+++	+++
鼓藻	*Cosmarium* sp.		+++				++	++	++				++
湖生卵囊藻	*Oocystis lacustris*							+++					
尖新月藻变异变种	*Closterium acutum* var. *variabile*	+++	++			+++	+++	++	++				++
角星鼓藻	*Staurastrum* sp.	+++	+++		++		++					+++	
卷曲纤维藻	*Ankistrodesmus convolutus*						++						
空球藻	*Eudorina elegans*		+++		+++	+++	++++						

续表

种属	拉丁名	SJH－1	SJH－2	SJH－3	SJH－4	SJH－5	SJH－6	SJH－7	SJH－8	SJH－9	SJH－10	SJH－11	SJH－12
空星藻	*Coelastrum* sp.	++		++		+++	++						
镰形纤维藻	*Ankistrodesmus falcatus*	++		++		++					++		
隆顶栅藻	*Scenedesmus carinatus*					++				++	++	++	++
卵囊藻	*Oocystis* sp.	+++			++	++		+++			+++		
螺旋弓形藻	*Schroederia spiralis*		++								+++	+++	
肾形藻	*Nephrocytium* sp.							+++					
十字藻	*Crucigenia* sp.										++		+++
双对栅藻	*Scenedesmus bijuga*	+++	+++								++	+++	
双棘栅藻	*Scenedesmus bicaudatus*							++					++
斯氏盘星藻	*Pediastrum sturmii*							+++					
四孢藻	*Tetraspora* sp.	+++						+++					+++
四刺顶棘藻	*Chodatella quadriseta*						+++						
四角十字藻	*Crucigenia quadrata*									++++			
四角藻	*Tetraedron* sp.		++	++	++	++			++		++	++	+++
四尾栅藻	*Scenedesmus quadricauda*	+++	++	++	++	++	+++	+++	++	++	++		
四足十字藻	*Crucigenia tetrapedia*										++		++
小球藻	*Chlorella vulgaris*						+++	+++					
新月藻	*Closterium* sp.												+++
衣藻	*Chlamydomonas* sp.	+++	+++	+++	+++	++++	+++	+++	+++	+++	+++	+++	+++
栅藻	*Scenedesmus* sp.		++					+++	++			+++	

续表

种属	拉丁名	SJH－1	SJH－2	SJH－3	SJH－4	SJH－5	SJH－6	SJH－7	SJH－8	SJH－9	SJH－10	SJH－11	SJH－12
针形纤维藻	*Ankistrodesmus acicularis*	＋＋＋	＋＋＋	＋＋＋	＋＋＋	＋＋	＋＋＋	＋＋	＋＋		＋＋		＋＋
直角十字藻	*Crucigenia rectangularis*			＋＋									
鞘藻	*Oedocladium* sp.							＋＋＋＋	＋＋＋＋				＋＋＋＋
黄藻门	**Xanthopyta**												
小型黄丝藻	*Tribonema minus*									＋＋	＋＋		

注：＋＋＋＋表示该藻类的平均密度为$\times 10^6$cells/L以上，＋＋＋表示该藻类的平均密度为$\times 10^4 \sim \times 10^6$cells/L，＋＋表示该藻类的平均密度为$\times 10^3 \sim \times 10^4$cells/L，＋表示该藻类的密度为$\times 10 \sim \times 10^3$cells/L，空白表示密度在10cells/L以下或未见。

2021年度石臼湖浮游植物优势种随时间变化出现明显变化，其中：石臼湖春季浮游植物优势种为伪鱼腥藻属、点形平裂藻、直链藻属等；夏季优势种为伪鱼腥藻属、微囊藻属、颤藻属、席藻属等；秋季优势种为伪鱼腥藻属、席藻、微囊藻属等；冬季优势种为直链藻属、双头舟形藻、颤藻属等。

总体来看，2021年石臼湖浮游植物优势种，春季、夏季和秋季均以蓝藻门为主，冬季主要以硅藻门为主。

5.3 浮游植物密度的时空分布研究

2021年，石臼湖春季浮游植物的平均密度为 4.25×10^6 cells/L，主要由蓝藻门和硅藻门组成，其相对占比分别达到66.57%和24.67%。夏季浮游植物的平均密度为 8.91×10^6 cells/L，主要由蓝藻门组成，其相对占比达到97.46%。秋季浮游植物的平均密度为 42.9×10^6 cells/L，主要也是由蓝藻门组成，其相对占比达到95.2%，其次为绿藻门和硅藻门，相对占比分别达到2.5%和2.13%。冬季浮游植物的平均密度为 4.01×10^5 cells/L，主要由硅藻门和蓝藻门组成，其相对占比分别达到45.85%和34.0%，其次为绿藻门，其相对占比为9.17%。石臼湖浮游植物密度季节变化呈先升高再下降的趋势，秋季浮游植物密度达到最高，随后冬季降至最低(图5.1)。

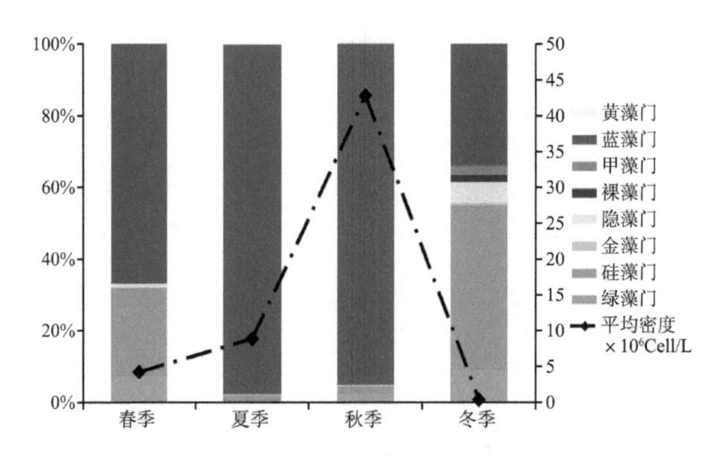

图5.1 2021年度石臼湖浮游植物密度的季节变化

通过分析石臼湖浮游植物密度在不同季节、不同空间上的差异性，识别出浮游植物的时空分布特征。图5.2反映了石臼湖浮游植物密度的空间分布：从石臼湖全年各点位浮游植物平均密度的水平空间分布上看，湖区中北部密度较高。

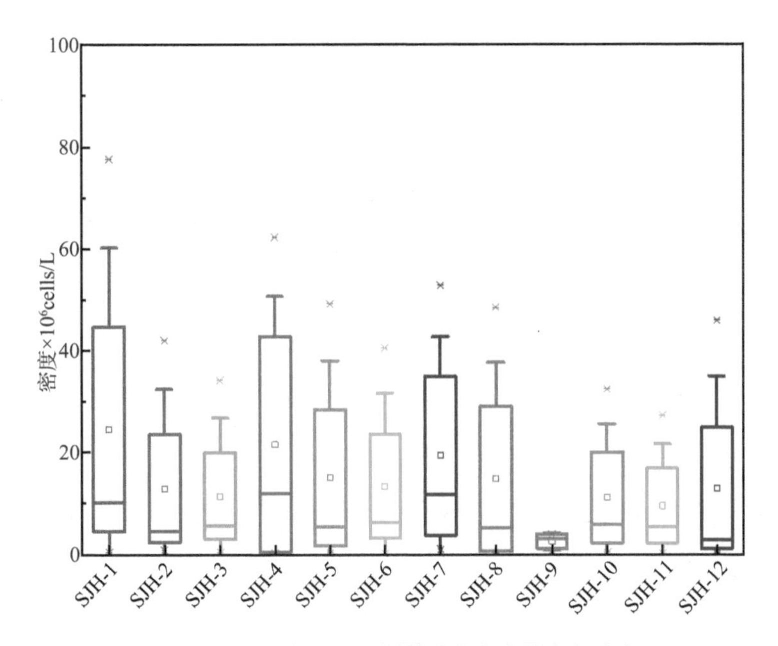

图 5.2　2021 年石臼湖浮游植物密度的空间分布

图 5.3 表示了不同季节石臼湖浮游植物密度的空间分布的差异。从图中可以看出,夏季与秋季浮游植物密度的空间分布趋势相似,湖区中部浮游植物密度较高,最高值分别出现在 SJH－4(23.2×10^6 cells/L)和 SJH－1(77.6×10^6 cells/L),最低值分别出现在 SJH－12(1.98×10^6 cells/L)和 SJH－9(2.8×10^5 cells/L)。春季浮游植物密度最高值也出现在 SJH－1,达 8.51×10^6 cells/L,湖区中部 SJH－4 和 SJH－5 处浮游植物密度最低。冬季,湖区南部 SJH－7 和北部 SJH－2 处浮游植物密度显著高于其他区域,分别达到 1.05×10^6 cells/L 和 8.6×10^5 cells/L,湖区中部浮游植物密度较低。

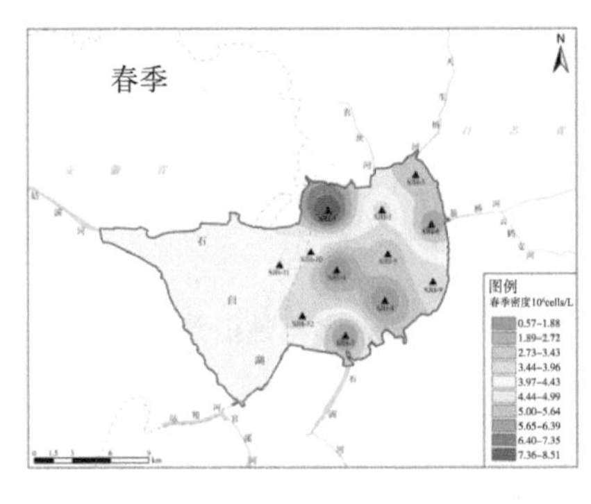

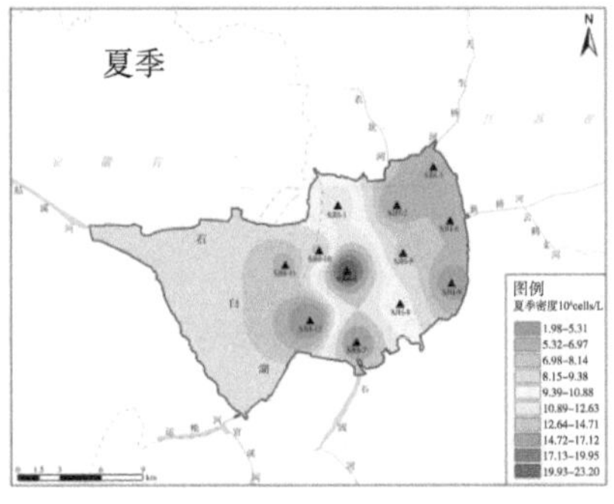

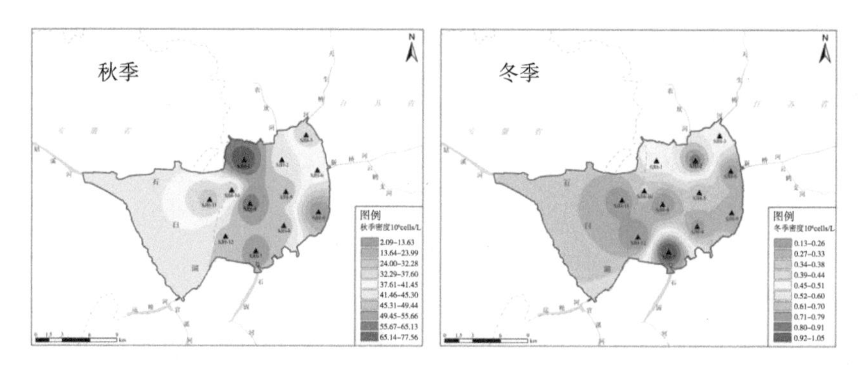

图 5.3　2021 年石臼湖不同季节浮游植物密度空间分布差异

5.4　浮游植物群落多样性及水质评价研究

基于 5.1.2 章节的计算公式，2021 年石臼湖浮游植物多样性指数全年平均值为 1.68，湖区北部的 SJH－1 和湖区南部 SJH－12 处多样性指数较高，而位于湖区南部的 SJH－7 处多样性指数较低(图 5.4)。

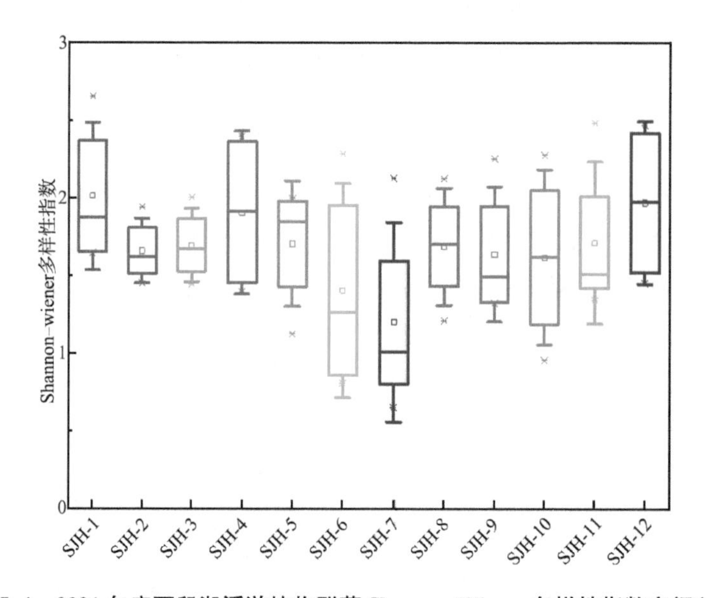

图 5.4　2021 年度石臼湖浮游植物群落 Shannon-Wiener 多样性指数空间差异

2021 年石臼湖浮游植物冬季多样性指数最高，为 2.09；夏季多样性指数最低，为 1.38(图 5.5)。

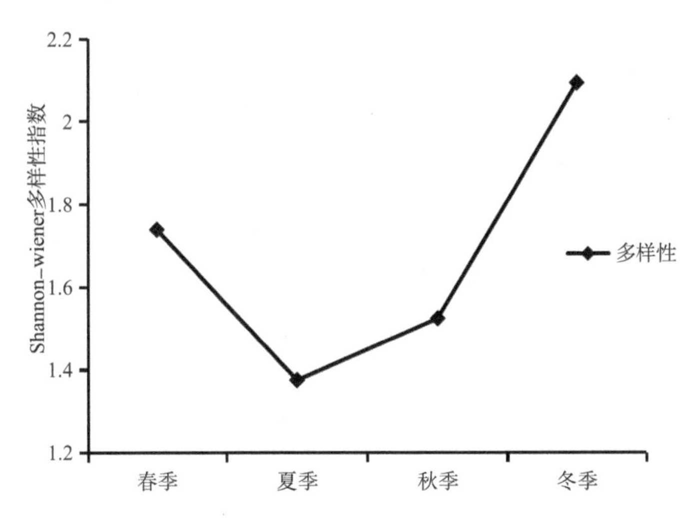

图 5.5 2021 年石臼湖浮游植物群落 Shannon-Wiener 多样性指数季节变化

2021 年石臼湖浮游植物群落的 Pielou 均匀度指数全年均值为 0.61，从全年各采样点浮游植物的均匀度指数的分布差异及均值可以看出，SJH－12 和 SJH－4 处均匀度指数较高，SJH－7 处均匀度较低(图 5.6)。

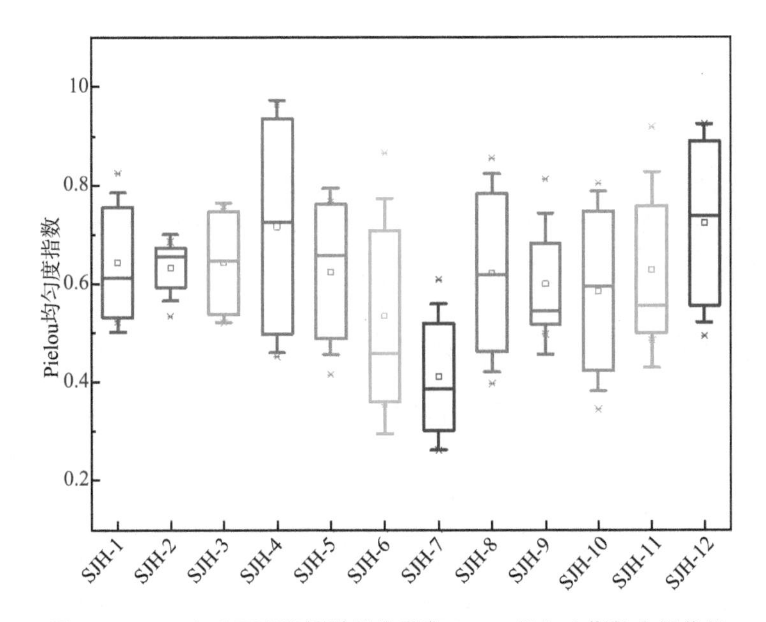

图 5.6 2021 年度石臼湖浮游植物群落 Pielou 均匀度指数空间差异

2021 年石臼湖浮游植物均匀度指数季节变化情况见图 5.7。夏季均匀度均指数最低,为 0.49;冬季最高,为 0.77。

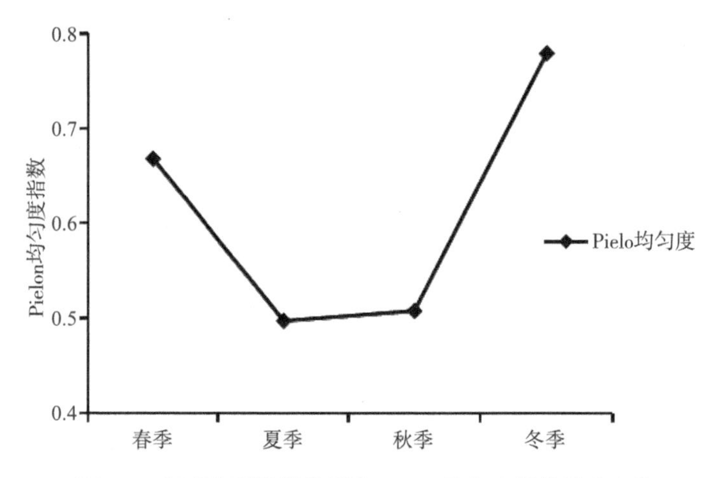

图 5.7　石臼湖浮游植物群落 Pielou 均匀度指数季节变化

利用浮游植物多样性指数和均匀度指数对石臼湖水体进行水质评价。石臼湖浮游植物的多样性指数年平均值约为 1.68,从多样性指数可以判断该水体属于中度污染水体。从浮游植物的均匀度来看,年平均值均为 0.61,亦指示石臼湖为中度污染水体。

5.5　浮游植物历史变化研究

对比石臼湖历年监测(2013、2015、2017、2018、2019、2020 年)的浮游植物与 2021 年的差异,分别从从浮游植物群落的种类组成、优势种、细胞丰度、以及多样性指数等角度对其历史变化趋势进行研究。

5.5.1　种类组成及优势种的历史变化趋势研究

2013 年度调查显示:石臼湖各监测点的样品中,共观察到浮游植物 69 属 111 种,其中绿藻门的种类最多,有 26 属 48 种;其次是硅藻门,有 17 属 23 种;蓝藻门 12 属 17 种;裸藻门 6 属 12 种;金藻门 3 属 4 种;隐藻门 2 属 3 种;甲藻门 2 属 3 种;黄藻门 1 属 1 种。主要优势种为链状假鱼腥藻、颗粒直链藻极狭变种、浮鞘丝藻、席藻、尖针杆藻、颗粒直链藻、蓝隐藻、啮蚀隐藻,颤藻。

2015 年度调查显示:石臼湖各监测点的样品中,共观察到浮游植物 61 属

91 种，其中绿藻门的种类最多，有 25 属 39 种；其次是硅藻门，有 16 属 22 种；蓝藻门 11 属 15 种；裸藻门 5 属 7 种；金藻门 1 属 2 种；隐藻门 1 属 3 种；甲藻门 2 属 3 种。主要优势种为项圈假鱼腥藻、颗粒直链藻极狭变种、湖泊浮鞘丝藻、水华束丝藻、尖针杆藻、梅尼小环藻、颤藻属。

2017 年度调查显示：石臼湖各监测点的样品中，共观察到浮游植物 56 属 94 种。其中绿藻门的种类最多，有 21 属 46 种；其次是硅藻门，有 11 属 17 种；蓝藻门 11 属 15 种；裸藻门 4 属 6 种；金藻门 4 属 4 种；隐藻门 2 属 3 种；甲藻门 3 属 3 种。主要优势种为纤维藻属、四尾栅藻、小环藻属、直链藻属、针杆藻属、啮蚀隐藻、伪鱼腥藻属、双对栅藻、衣藻属、尖尾蓝隐藻和伪鱼腥藻属。

2018 年度调查显示：石臼湖各监测点的样品中，共观察到浮游植物 61 属 102 种，其中绿藻门 26 属 56 种、蓝藻门 15 属 20 种、硅藻门 11 属 14 种、甲藻门 3 属 3 种、裸藻门 2 属 3 种、金藻门 2 属 2 种、隐藻门 2 属 3 种、黄藻门 1 属 1 种。主要优势种为小环藻属、针杆藻属、啮蚀隐藻、舟形藻属、双对栅藻、直链藻属、尖尾蓝隐藻、伪鱼腥藻属。

2019 年度调查显示：石臼湖各监测点的样品中，共观察到浮游植物 92 属 130 种。其中绿藻门的种类最多，有 33 属 49 种；其次硅藻门有 23 属 28 种；蓝藻门 14 属 29 种；裸藻门 7 属 7 种；金藻门 4 属 6 种；甲藻门 4 属 4 种；隐藻门 4 属 4 种；黄藻门 3 属 3 种。主要优势种为梅尼小环藻、卵形隐藻、衣藻属、小球藻属、实球藻、双对栅藻、席藻属、伪鱼腥藻属、颤藻属。

2020 年度调查显示：石臼湖 12 个采样点的样品中，共观察到浮游植物 70 属 137 种。其中绿藻门的种类最多，有 19 属 46 种；其次蓝藻门 20 属 37 种；硅藻门 18 属 31 种；裸藻门 5 属 11 种；隐藻门 1 属 4 种；甲藻门 3 属 3 种；金藻门 2 属 3 种；黄藻门 2 属 2 种。主要优势种为细小平裂藻、颤藻属、席藻属、假鱼腥藻属、颗粒直链藻、浮丝藻属、假鱼腥藻属、尖头藻属、鞘丝藻属。

2021 年度调查显示：石臼湖各监测点共观察到浮游植物 52 属 112 种。其中绿藻门的种类最多，有 36 种；其次为硅藻门和蓝藻门，均鉴定出 27 种；再次为裸藻门 12 种；隐藻门 4 种；甲藻门 3 种；金藻门 2 种；黄藻门 1 种。石臼湖春季浮游植物优势种为伪鱼腥藻属、点形平裂藻、直链藻属等；夏季优势种为伪鱼腥藻属、微囊藻属、颤藻属、席藻属等；秋季优势种为伪鱼腥藻属、席藻属、微囊藻属等；冬季优势种为直链藻属、双头舟形藻、颤藻属等。

总结历年来的浮游植物调查数据，得到石臼湖近几年来浮游植物种类数量的变化情况(图 5.8),整体上,浮游植物种类呈先上升后下降趋势,2021 年度石臼湖浮游植物种类数与 2015 年、2017 年及 2018 年相比相差不大, 2020 年种类最多。2019 年以后增加的种类主要是蓝藻门种类,绿藻门种类数与往年相比略微减少。

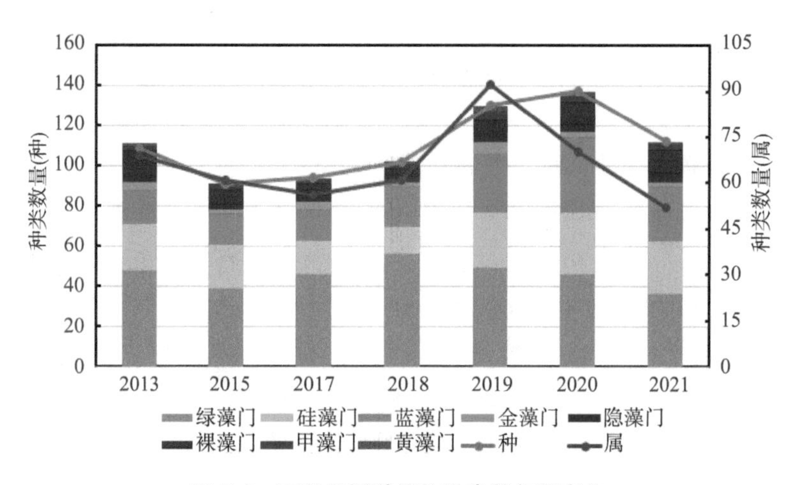

图 5.8 石臼湖浮游植物种类数年际变化

5.5.2 丰度历史变化趋势研究

总结历年来浮游植物的调查数据,得到石臼湖近几年来浮游植物细胞丰度的变化情况(图 5.9)。整体上,2013—2021 年[①],浮游植物细胞丰度呈现出上升趋势,其中 2019 年度浮游植物细胞丰度达到最高,2021 年度细胞丰度较 2019 年度和 2020 年度略低。在年内,夏季和秋季的浮游植物细胞丰度显著高于春季和冬季的,且整体也呈现出上升趋势,均在 2019 年度达到最高值。

5.5.3 多样性指数的历史变化趋势研究

总结历年来浮游植物的调查数据,得到石臼湖近几年来浮游植物群落 alpha 多样性指数(Shannon-Wiener 多样性指数和 Pielou 均匀度指数)的变化情况(图 5.10)。从图中可以看出,Shannon-Wiener 多样性指数呈现出先降低后升高再降低的变化过程,2021 年浮游植物的 Shannon-Wiener 多样性指数较

① 全书不含 2014 年数据。

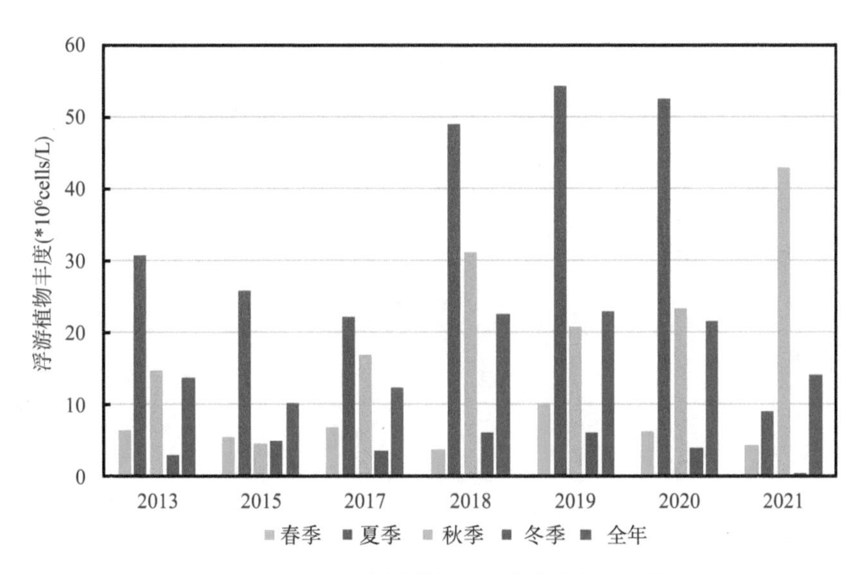

图 5.9 不同季节浮游植物细胞丰度年际变化

2020 年有微小下降，最高值出现在 2017 年度，远高于其他年份。Pielou 均匀度指数整体呈现先升高后降低的趋势，2017 年均匀度指数最高，随后开始下降。两项指标均表明水质有向不利方向转变的趋势。

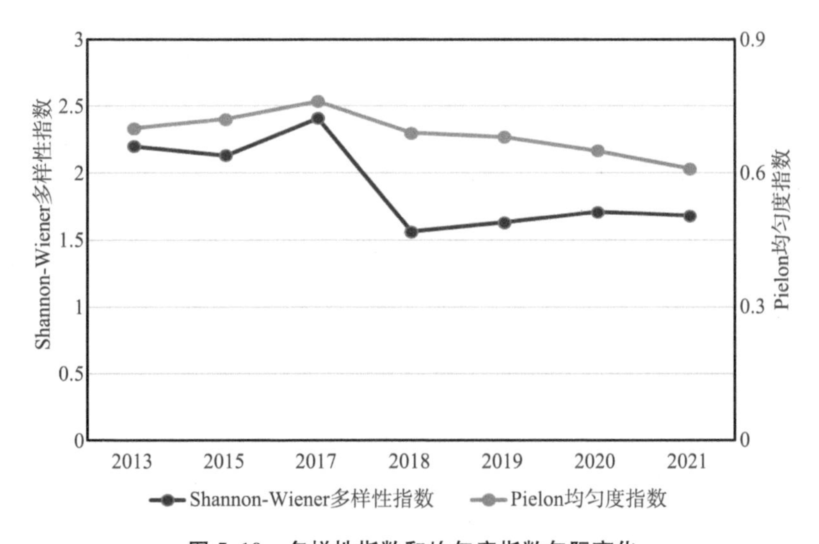

图 5.10 多样性指数和均匀度指数年际变化

6

浮游动物群落特征研究

6.1　样品采集与评价方法

6.1.1　样品采集与处理

浮游动物包括原生动物、轮虫、枝角类和桡足类四大类无脊椎水生动物，它们由于个体差异较大，所采用的采样方法不同。原生动物、轮虫由于个体较小，其采样方法及固定方法与浮游植物相同。浮游甲壳动物（枝角类和桡足类）由于个体较大，在水中的生物密度较低，需要过滤较多的水样才能有较好的代表性，野外采样须用浮游生物网（孔径 64 μm）作过滤网，避免将捞定性样品的网作为过滤网用[47-48]。

枝角类、桡足类采用 25 号浮游生物网进行过滤，采水器采取水样样品体积为 10～50 L，将过滤物放入提前准备好的标本瓶中。水深 3 m 以内、水团混和良好的区域水体，可只采取表层水样，水深较大的水体区域，应采取表、中、底层混合水样。采取的水样放入 50 mL 标本瓶后，立即用甲醛溶液固定。水体样品带回实验室后在显微镜下进行镜检，鉴定至种属水平。计数时，要根据样品中甲壳动物的数量分若干次过数。使用显微镜计数可获得浮游动物生物密度，同时，测量浮游动物长、宽、厚，利用求积公式计算生物体积，换算浮游动物生物量[49]。

6.1.2　群落多样性评价方法

浮游动物群落的 alpha 多样性采用 Shannon-Wiener 多样性指数和 Pielou 均匀度指数来进行评估，计算公式和等级划分具体见 5.1.2 章节内容。

6.2　浮游动物种属组成

根据对石臼湖浮游动物的定量水样分析，2021 年全年浮游动物水样镜检见到的种类共有 42 种（表 6.1），其中原生动物 16 种，占总种类的 38.1%；轮虫 16 种，占 38.1%；枝角类 6 种，占 14.3%；桡足类 4 种，占 9.5%。

表 6.1　2021 年度石臼湖浮游动物鉴定数据汇总表

	序号	种名	SJH-1	SJH-2	SJH-3	SJH-4	SJH-5	SJH-6	SJH-7	SJH-8	SJH-9	SJH-10	SJH-11	SJH-12
原生动物	1	拟铃壳虫	+	+	+	+	+	+	+	+	+	+	+	+
	2	杯形砂壳虫										+		
	3	急游虫	+			+								
	4	钟形虫	+	+	+	+	+	+	+	+	+	+	+	+
	5	太阳虫		+	+	+		+	+	+	+	+		+
	6	光球虫							+	+	+			+
	7	侠盗虫	+	+	+	+	+	+	+	+	+	+	+	+
	8	长筒拟铃壳虫	+	+	+		+	+	+	+	+	+	+	+
	9	累枝虫		+	+	+	+		+	+		+	+	+
	10	游仆虫					+							
	11	褐砂壳虫	+	+		+		+		+				+
	12	球形砂壳虫	+	+	+	+	+	+	+	+	+	+	+	+
	13	瓶砂壳虫	+	+	+	+	+	+	+			+		+
	14	巢居法帽虫		+	+		+		+		+			
	15	江苏拟铃壳虫		+										
	16	薄片漫游虫							+					

续表

	序号	种名	SJH－1	SJH－2	SJH－3	SJH－4	SJH－5	SJH－6	SJH－7	SJH－8	SJH－9	SJH－10	SJH－11	SJH－12
轮虫	17	螺形龟甲轮虫	+	+	+	+	+	+	+	+	+	+	+	+
	18	曲腿龟甲轮虫	+	+		+		+	+	+			+	+
	19	萼花臂尾轮虫	+	+	+			+	+	+		+		
	20	浦达臂尾轮虫						+						
	21	角突臂尾轮虫	+		+		+	+	+			+	+	
	22	等刺异尾轮虫			+	+	+	+	+	+	+	+	+	+
	23	罗氏异尾轮虫							+					
	24	纵长异尾轮虫	+			+		+		+				
	25	暗小异尾轮虫	+	+	+	+	+	+	+	+	+	+	+	+
	26	长三肢轮虫							+					
	27	跃进三肢轮虫							+	+	+		+	+
	28	迈氏三肢轮虫						+						
	29	针簇多肢轮虫	+	+	+	+	+	+	+	+	+	+	+	+
	30	晶囊轮虫	+	+	+	+	+	+	+	+	+	+	+	+
	31	扁平泡轮虫			+	+	+	+	+	+	+	+	+	+
	32	独角聚花轮虫	+	+			+							

续表

	序号	种名	SJH-1	SJH-2	SJH-3	SJH-4	SJH-5	SJH-6	SJH-7	SJH-8	SJH-9	SJH-10	SJH-11	SJH-12
枝角类	33	长肢秀体溞	+	+	+	+		+	+		+	+	+	+
	34	短尾秀体溞			+					+				
	35	简弧象鼻溞	+	+	+	+	+	+	+	+	+	+	+	+
	36	微型裸腹溞	+		+					+				
	37	僧帽溞	+		+	+			+		+	+		
	38	角突网纹溞	+											
桡足类	39	广布中剑水蚤	+	+	+	+	+	+	+	+	+	+	+	+
	40	近邻剑水蚤					+				+	+		
	41	猛水蚤	+							+				
	42	无节幼体	+	+	+	+	+	+	+	+	+	+	+	+

注：+ 表示该浮游动物被检测到。

石臼湖原生动物优势种有：急游虫、侠盗虫等；轮虫优势种有：螺形龟甲轮虫、针簇多肢轮虫、晶囊轮虫等；枝角类优势种有：长肢秀体溞、简弧象鼻溞、僧帽溞等；桡足类优势种有：广布中剑水蚤、近邻剑水蚤等；此外还有桡足类的无节幼体。石臼湖见到的浮游动物基本都属普生性种类。

6.3 浮游动物密度和生物量的时空动态分布研究

调查显示，2021 全年浮游动物总密度年均值为 2133 ind. /L(图 6.1)。其中，原生动物密度年均值为 1 075 ind. /L，轮虫密度年均值为 1 030 ind. /L，枝角类密度年均值为 11 ind. /L，桡足类密度年均值为 17 ind. /L。数据反映，石臼湖浮游动物的总密度是由原生动物密度和轮虫密度决定的，枝角类和桡足类的密度较少，仅占总密度的 1.3%左右。

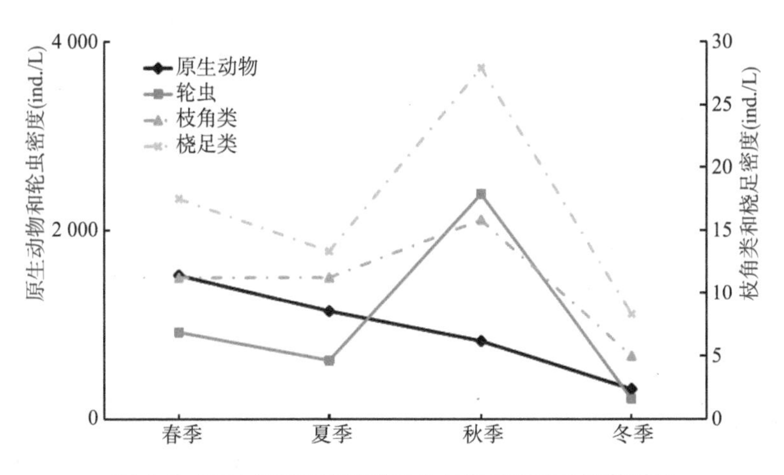

图 6.1　2021 年石臼湖浮游动物各种类密度的季节变化

2021 年，原生动物周年密度中，密度最多的是春季，为 1 525 ind. /L，最少的是冬季，为 316. 7 ind. /L。轮虫周年密度中，密度最多的是秋季，为 2 383. 3 ind. /L，最少的是冬季，为 208. 3 ind. /L。枝角类周年密度最多的是秋季，为 15. 8 ind. /L，最少的是冬季，为 5 ind. /L。桡足类周年密度最多的是秋季，为 27. 9 ind. /L，最少的是冬季，为 8. 3 ind. /L(图 6. 2)。

石臼湖浮游动物的总生物量年平均值为 2. 485 0 mg/L。其中原生动物的生物量为 0. 095 0 mg/L，占浮游动物的总生物量的 3. 8%；轮虫的生物量为 1. 970 0 mg/L，占 79. 3%；枝角类的生物量为 0. 260 0 mg/L，占 10. 5%；桡足

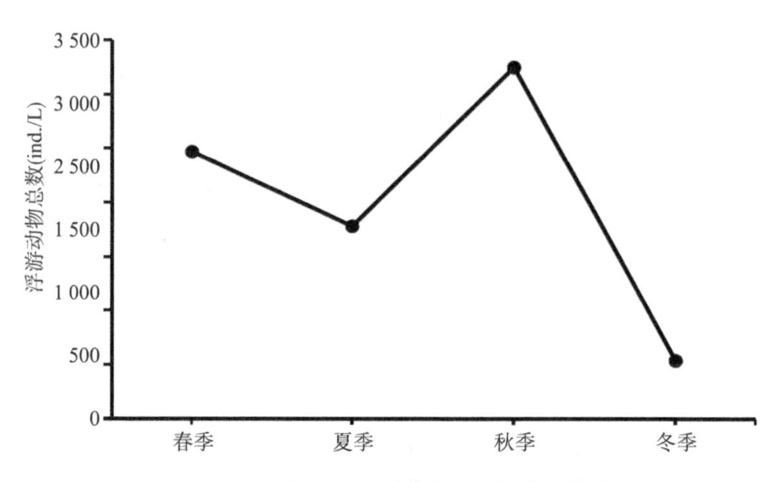

图 6.2　2021 年石臼湖浮游动物总数的季节变化

类的生物量为 0.160 0 mg/L，占 6.4%。虽然枝角类和桡足类的密度年均总和仅占浮游动物总密度的 1.3%左右，可它们的生物量占比超过 15%；石臼湖浮游动物总生物量变化趋势与轮虫生物量变化趋势基本一致(图 6.3)。

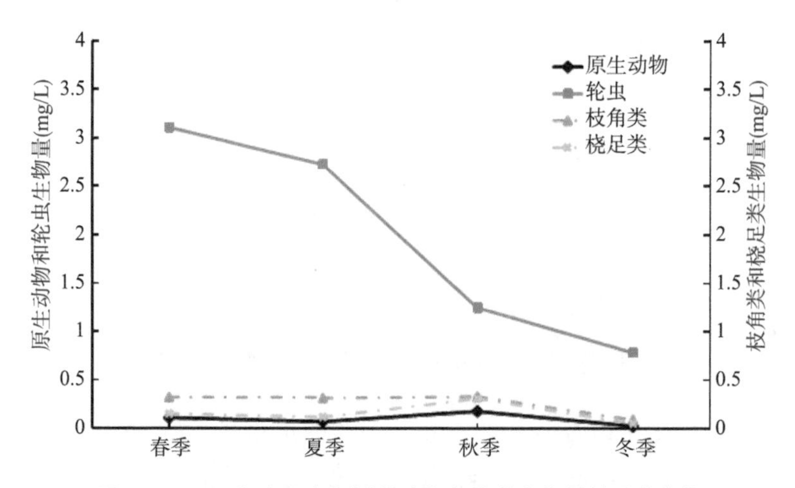

图 6.3　2021 年度石臼湖浮游动物各种类生物量的季节变化

浮游动物中的枝角类是鱼类的上好饵料。它的密度多少、生物量大小受水温影响很大，生殖受水温影响更大，水温不但影响其数量多少，而且影响其生殖方式。枝角类生殖方式有两种，一种是孤雌生殖(单性生殖)，另一种是两性生殖。温暖的季节，外界条件比较适宜，枝角类就进行孤雌生殖。这时雌体产出的卵被称为孤雌生殖卵或夏卵。夏卵的大小不仅因种类不同而变化，即使同一个种，也会随母体大小与生殖量不同而呈现差异。同一种枝角类生殖量的变动还与龄期有关。除孤雌生殖外，枝角类在环境条件不良时，就进行两性生殖。两性生殖时，雌体所产卵被称为冬卵。冬卵必须受精，才能发育。受精卵发育到囊胚阶段离开母体，直到环境条件改善以后再继续发育，孵出幼溞，所以冬卵习惯上又被称为休眠卵。由冬卵孵出的幼溞都是雌的，长大以后，就成为下一个周期的第一代孤雌生殖的雌体。枝角类的种群数量(密度)受其种类、龄期数和所产夏卵数量的影响。此外，种群密度与水体中溶解氧等有关，还与食物的状况相关[50]。

枝角类从冬卵孵出幼溞，到新的冬卵形成为止，这一过程被称为一个生殖周期。根据一年内能产生的生殖周期数，枝角类可分为单周期、双周期、多周期与无周期四大类。在恶劣环境下它还可以形成卵鞍，以度过寒冷与干旱等不良外界条件。冬卵与其卵鞍还能附着在水鸟等动物的躯体上，传播到其他水体生长、生殖，这有助于种的扩散。生活在湖泊与水库等大型淡水域的枝角类通常为单周期类。枝角类也像其他节肢动物，如中华绒毛蟹一样，生长是不连续的，而是间歇性的，生长与脱壳交替进行。每脱一次壳，就生长一次，有些学者认为食浮游动物鱼类的出现与枝角类的垂直分布也有关系。根据采集到的水样分析可知，枝角类密度分布有一定的规律。

2021 年石臼湖浮游动物中的枝角类密度最高的是秋季，为 15.8 ind./L (图 6.4)。它的密度在秋季最多，因为它的生命周期较短，因此只要外界条件合适，它能在较短的时间内大量地繁殖，其数量急剧上升。到了秋末和冬季气

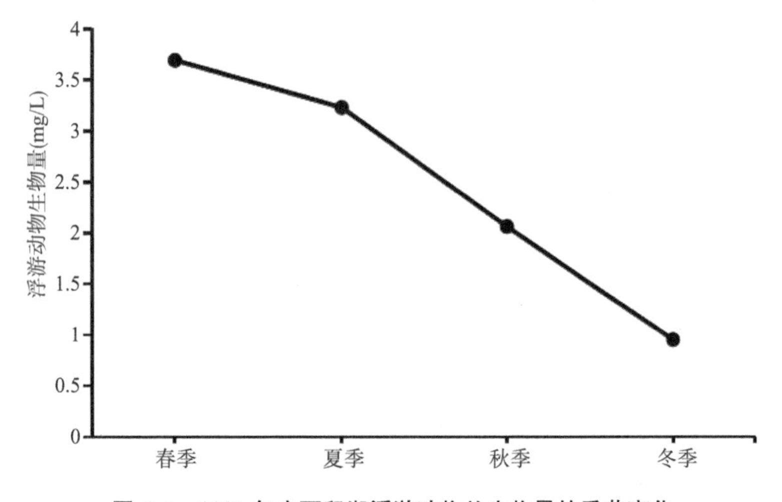

图 6.4　2021 年度石臼湖浮游动物总生物量的季节变化

温和水温快速下降，加上石臼湖秋冬季节风浪大，造成了枝角类的食物变少，致使其数量大幅度下跌。

淡水水域中自由生活的桡足类，是跟枝角类相似的另一类小型甲壳动物，它们与原生动物、轮虫、枝角类同为浮游动物的重要组成部分，是水生态环境食物链中不可缺少的一个重要环节。它也是水体中一般幼鱼和多种经济鱼类的直接或间接的摄食对象。

桡足类分成三大类：哲水蚤、猛水蚤和剑水蚤。一般说来，哲水蚤营浮游生活，通常生活于湖泊、水库的敞水带、河口及池塘中。猛水蚤营底栖生活，剑水蚤界于两者之间，有的种类生活于水底，有的种类生活于湖泊的敞水带。浮游动物的桡足类主要包含哲水蚤和剑水蚤两大类。

桡足类的生活史较枝角类更加复杂。桡足类一般行两性生殖，从外型上很容易区分性别，根据它的触角、腹节可以把雌雄区分开来。桡足类的幼体从卵孵化出来后，一般要经过 6 个无节幼体与 5 个桡足幼体，才能成为成体。无节幼体很难区分属、种特征，桡足幼体逐渐完善成体特征，在第 4 桡足幼体期可见两性分化的特征。

桡足类的密度、生物量的统计包括无节幼体、桡足幼体、成体。成体主要是哲水蚤和剑水蚤。

桡足类的生长、发育、繁殖受外界环境因子的影响很大，这些因子主要是温度、光照、生物（如捕食它的鱼类）。根据食性，可分为滤食性、掠食性、刮食性，有的种类兼有过滤悬浮颗粒和主动掠食的能力，被称为混合型。多数哲水蚤为滤食性的，其第 2 触角和特殊的口器可以将水中的藻类、细菌、原生动物以及有机碎屑等悬浮颗粒过滤下来送入口内，这对藻类的控制有特殊意义。剑水蚤包括掠食、刮食和混合型三种取食方式，取食藻类的剑水蚤有广布中剑水蚤、近邻剑水蚤等许多种类。

2021 年石臼湖浮游动物密度和生物量的空间分布基本一致，密度和生物量的高值均出现在石臼湖南部水域，而湖区中部和北部水域相对较低。数据显示，2021 年石臼湖浮游动物密度变化范围为 886.3～33 549 ind./L（图 6.5），排在前五位的分别是 SJH－7、SJH－8、SJH－6、SJH－9 和 SJH－12 采样点，最低值出现在 SJH－3 采样点；生物量年均值的变化范围为 1.47～4.96 mg/L，生物量排在前五位的是 SJH－7、SJH－6、SJH－8、SJH－10 和 SJH－9 采样点，最低年均生物量出现在 SJH－4 采样点（图 6.6）。

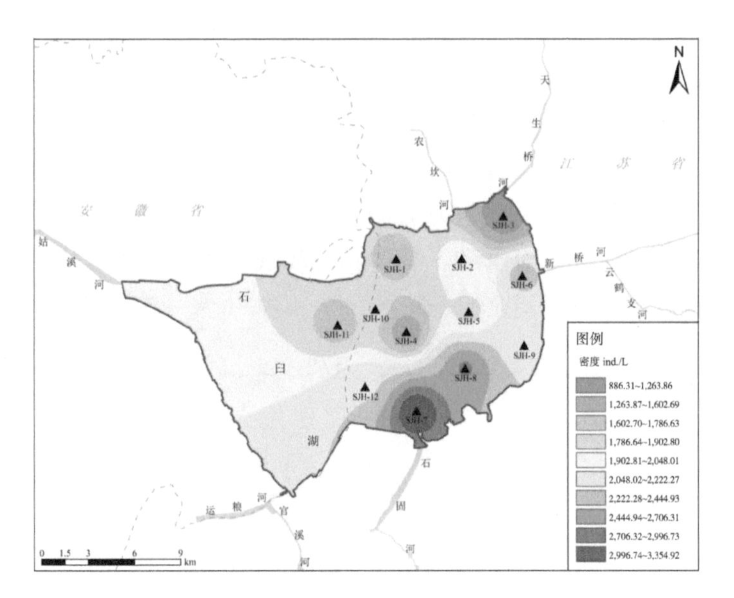

图 6.5　2021 年度石臼湖浮游动物密度空间分布

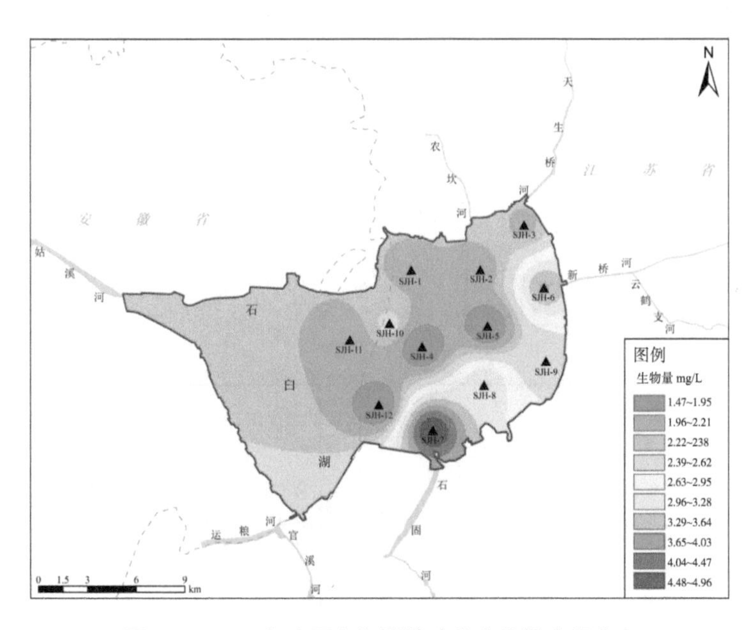

图 6.6　2021 年度石臼湖浮游动物生物量空间分布

6.4 浮游动物群落多样性研究

2021年度石臼湖浮游动物群落的Shannon-Wiener多样性指数分布在0.69～2.62之间(图6.7),均值为1.84,其中夏季多样性最高,均值达到2.26,秋季次之,均值为1.93,春季和冬季的相对较低。浮游动物群落的Shannon-Wiener多样性指数空间差异不显著。

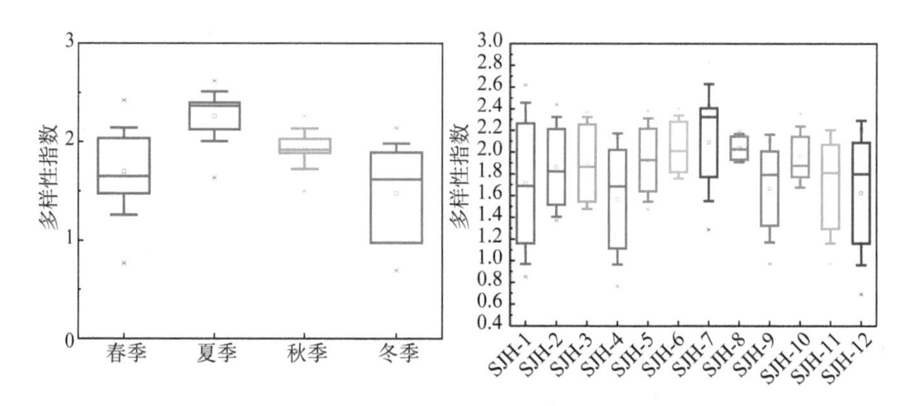

图6.7 2021年度石臼湖浮游动物群落Shannon-Winener多样性时空变化

2021年度石臼湖浮游植物群落的Pielou均匀度指数分布在0.46～1.00之间(图6.8),均值为0.81,其中夏季和冬季的均匀度较高,均值分别达到0.88和0.82,春季最低,均值为0.73。浮游动物群落的Pielou均匀度指数季节差异不显著。

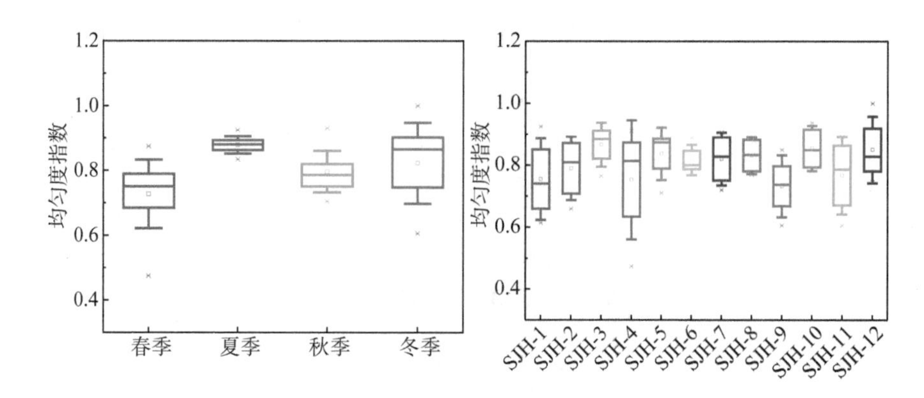

图6.8 2021年度石臼湖浮游动物群落Pielou均匀度指数时空变化

上述两种 alpha 多样性指数的分析结果显示，2021 年度石臼湖水体中浮游动物群落存在着明显的季节分布格局，以多样性角度观察，浮游动物群落季节性多样化程度差异不大。

6.5 浮游动物历史变化研究

6.5.1 种类组成及优势种的历史变化趋势研究

2013 年石臼湖浮游动物水样镜检，见到浮游动物的种类共有 55 种，其中原生动物 8 种，占总种类的 14.5%；轮虫 34 种，占 61.8%；枝角类 6 种，占 10.9%；桡足类 7 种，占 12.7%。石臼湖中的浮游动物优势种有：砂壳虫、侠盗虫、钟形虫；轮虫有：角突臂尾轮虫、剪形臂尾轮虫、萼花臂尾轮虫、长肢多肢轮虫、长三肢轮虫、独角聚花轮虫；枝角类有：微型裸腹溞、僧帽溞、简弧象鼻溞；桡足类有：汤匙华哲水蚤、广布中剑水蚤、近邻剑水蚤。此外还有无节幼体和桡足幼体。

2015 年石臼湖浮游动物水样镜检，见到浮游动物的种类共有 77 种，其中原生动物 21 种，占总种类的 27.3%；轮虫 33 种，占 42.9%；枝角类 13 种，占 16.9%；桡足类 10 种，占 13.0%。优势种中原生动物有：冠砂壳虫、球形砂壳虫、侠盗虫、钟形虫、普通表壳虫、王氏拟铃壳虫；轮虫有：螺形龟甲轮虫、曲腿龟甲轮虫、角突臂尾轮虫、裂足臂尾轮虫、萼花臂尾轮虫、暗小异尾轮虫、针簇多肢轮虫、长肢多肢轮虫、独角聚花轮虫；枝角类有：长肢秀体溞、简弧象鼻溞、微型裸腹溞、僧帽溞、角突网纹溞；桡足类有：广布中剑水蚤、近邻剑水蚤、汤匙华哲水蚤、中华窄腹水蚤。此外还有无节幼体和桡足幼体。

2017 年石臼湖浮游动物水样镜检，见到的种类共有 66 种(含桡足类的无节幼体和桡足幼体)，其中原生动物 21 种，占总种类的 31.8%；轮虫 26 种，占 39.4%；枝角类 9 种，占 13.6%；桡足类 10 种，占 15.2%。石臼湖的浮游动物优势种中原生动物有：普通表壳虫、侠盗虫、球形砂壳虫、长筒拟铃壳虫、江苏拟铃壳虫；轮虫有：螺形龟甲轮虫、曲腿龟甲轮虫、萼花臂尾轮虫、角突臂尾轮虫、长肢多肢轮虫、针簇多肢轮虫；枝角类有：短尾秀体溞、简弧象鼻溞、角突网纹溞；桡足类有：广布中剑水蚤、近邻剑水蚤、汤匙华哲水蚤。

2018 年浮游动物水样镜检，见到的种类共有 63 种(含桡足类的无节幼体和桡足幼体)，其中原生动物 20 种，占总种类的 31.8%；轮虫 25 种，占 39.7%；

枝角类8种，占12.7%；桡足类10种，占15.9%。石臼湖浮游动物优势种中原生动物有：侠盗虫、球形砂壳虫、江苏拟铃壳虫、王氏拟铃壳虫；轮虫有：螺形龟甲轮虫、长肢多肢轮虫、角突臂尾轮虫、萼花臂尾轮虫；枝角类有：长肢秀体溞、简弧象鼻溞、微型裸腹溞；桡足类有：广布中剑水蚤、汤匙华哲水蚤。

2019年石臼湖浮游动物水样镜检，见到的种类共有60种（含桡足类的无节幼体和桡足幼体），其中原生动物17种，占总种类的28.3%；轮虫27种，占45.0%；枝角类7种，占11.7%；桡足类9种，占15.0%。石臼湖浮游动物优势种中原生动物有：侠盗虫、长筒拟铃壳虫、球形砂壳虫、瓶砂壳虫；轮虫有：螺形龟甲轮虫、曲腿龟甲轮虫、角突臂尾轮虫、针簇多肢轮虫；枝角类有：简弧象鼻溞、微型裸腹溞；桡足类有：广布中剑水蚤、汤匙华哲水蚤。

2020年浮游动物水样镜检，见到的种类共有56种（含桡足类的无节幼体和桡足幼体），其中原生动物18种，占总种类的32.1%；轮虫21种，占37.5%；枝角类7种，占12.5%；桡足类10种，占17.9%。石臼湖浮游动物优势种中原生动物有：侠盗虫、长筒拟铃壳虫、江苏拟铃壳虫、球形砂壳虫；轮虫有：螺形龟甲轮虫、角突臂尾轮虫、萼花臂尾轮虫、长肢多肢轮虫；枝角类有：简弧象鼻溞、微型裸腹溞、角突网纹溞；桡足类有：广布中剑水蚤、汤匙华哲水蚤。

2021年对石臼湖浮游动物的定量水样分析可知，全年浮游动物水样镜检见到的种类共有42种，其中原生动物16种，占总种类的38.1%；轮虫16种，占38.1%；枝角类6种，占14.3%；桡足类4种，占9.5%。石臼湖原生动物优势种有：急游虫、侠盗虫等；轮虫优势种有：螺形龟甲轮虫、针簇多肢轮虫、晶囊轮虫等；枝角类优势种有：长肢秀体溞、简弧象鼻溞、僧帽溞等；桡足类优势种有：广布中剑水蚤、近邻剑水蚤等。

总结上述历年来的浮游动物的调查数据，得到石臼湖近几年来浮游动物种类数量的变化情况（图6.9）。整体上，浮游动物种类呈先上升后下降的趋势，2013—2015年浮游动物种类数量呈上升趋势，随后呈下降趋势，2021年种类最少。其中原生动物的种类数量整体呈上升趋势，轮虫种类整体呈下降趋势，枝角类与桡足类年间变化不明显。

6.5.2 密度历史变化趋势研究

2013年石臼湖浮游动物的密度年均值为2 267.5 ind./L。其中原生动物为682.2 ind./L，占浮游动物密度年均值的30.1%；轮虫为1 558.1 ind./L，占68.7%；枝角类为9.7 ind./L，占0.4%；桡足类为17.5 ind./L，占0.8%。

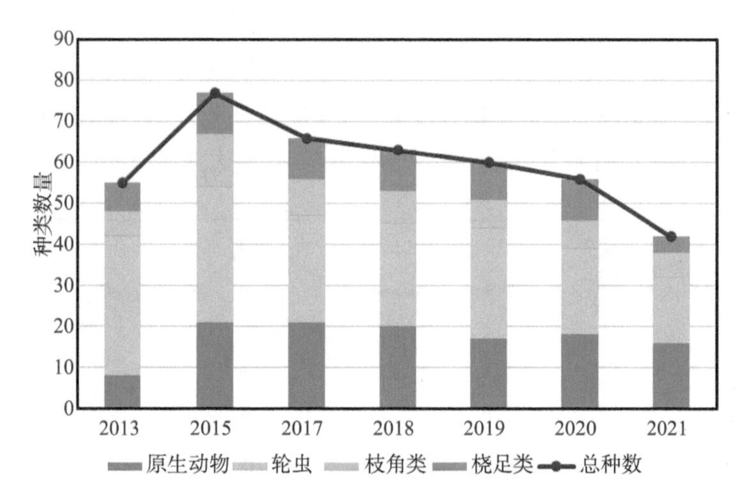

图 6.9 石臼湖浮游动物种类数量的历年变化

2015 年石臼湖浮游动物的密度年均值为 2 064.2 ind./L。其中原生动物为 862.5 ind./L，占浮游动物密度年均值的 41.8%；轮虫为 1116 ind./L，占 54.1%；枝角类为 26 ind./L，占 1.3%；桡足类为 59.7 ind./L，占 2.9%。

2017 年石臼湖浮游动物的密度年均值为 1 999.5 ind./L。其中原生动物为 794.5 ind./L，占浮游动物密度年均值的 39.7%；轮虫为 1 128.5 ind./L，占 56.4%；枝角类为 33.2 ind./L，占 1.7%；桡足类为 43.4 ind./L，占 2.2%。

2018 年石臼湖浮游动物的密度年均值为 2 032.1 ind./L。其中原生动物为 861.1 ind./L，占浮游动物密度年均值的 42.4%；轮虫为 1 113.9 ind./L，占 54.8%；枝角类为 24.3 ind./L，占 1.2%；桡足类为 32.8 ind./L，占 1.6%。

2019 年石臼湖浮游动物的密度年均值为 2 363.9 ind./L。其中原生动物为 1 219.5 ind./L，占浮游动物密度年均值的 51.6%；轮虫为 1 105.6 ind./L，占 46.8%；枝角类为 15.7 ind./L，占 0.7%；桡足类为 23.1 ind./L，占 1.0%。

2020 年石臼湖浮游动物的密度年均值为 1 863.9 ind./L。其中原生动物为 975.0 ind./L，占浮游动物密度年均值的 52.3%；轮虫为 859.7 ind./L，占 46.1%；枝角类为 10.3 ind./L，占 0.6%；桡足类为 18.8 ind./L，占 1.0%。

2021 年石臼湖浮游动物的密度年均值为 2 133.0 ind./L。其中原生动物密度年均值为 1 075 ind./L；轮虫密度年均值为 1030 ind./L；枝角类密度年均值为 11 ind./L；桡足类密度年均值为 17 ind./L。

总结上述历年来的浮游动物的调查数据，得到石臼湖近几年来浮游动物密度的变化情况（图 6.10）。浮游动物密度在 2019 年达到最高，随后立即降低，

2020 年最低。石臼湖浮游动物的总体密度是由轮虫数量多寡决定的，其次是原生动物，而枝角类和桡足类的数量较少。浮游动物密度整体波动趋势也体现在轮虫密度的变化上，其中轮虫密度在 2013 年达到最高值。原生动物的年间分布特征与轮虫稍有差异，原生动物密度在 2019 年达到最高值。

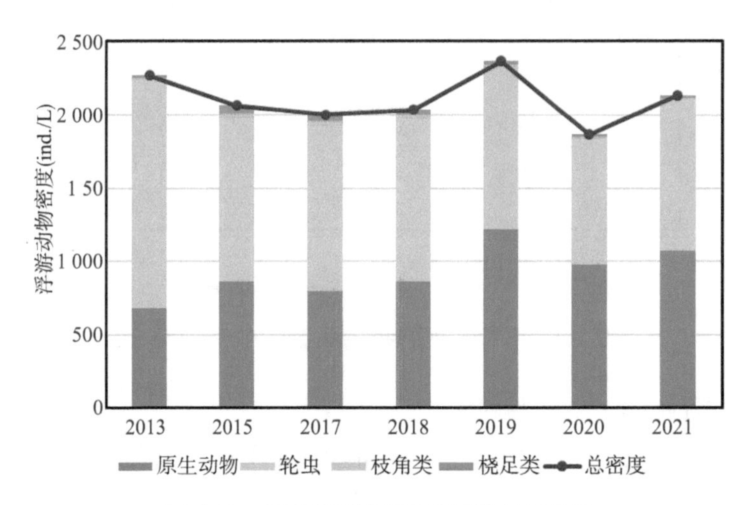

图 6.10　石臼湖浮游动物密度的历年变化

6.5.3　生物量历史变化趋势研究

2013 年石臼湖浮游动物的总生物量年平均值为 3.542 9 mg/L。其中原生动物的生物量为 0.034 2 mg/L，占浮游动物的总生物量的 1.0%；轮虫的生物量为 2.752 0 mg/L，占 77.7%；枝角类的生物量为 0.477 6 mg/L，占 13.5%；桡足类的生物量为 0.279 1 mg/L，占 7.8%。

2015 年石臼湖浮游动物的总生物量年平均值为 3.854 3 mg/L。其中原生动物的生物量为 0.043 2 mg/L，占浮游动物的总生物量的 1.1%；轮虫的生物量为 1.971 0 mg/L，占 51.1%；枝角类的生物量为 0.689 8 mg/L，占 17.9%；桡足类的生物量为 1.150 3 mg/L，占 29.8%。

2017 年石臼湖浮游动物的总生物量年平均值为 3.650 3 mg/L。其中原生动物的生物量为 0.036 0 mg/L，占浮游动物的总生物量的 1.0%；轮虫的生物量为 1.396 1 mg/L，占 38.2%；枝角类的生物量为 0.925 7 mg/L，占 25.4%；桡足类的生物量为 1.292 5 mg/L，占 35.4%。

2018 年石臼湖浮游动物的总生物量年平均值为 3.699 5 mg/L。其中原生动物的生物量为 0.040 4 mg/L，占浮游动物的总生物量的 1.1%；轮虫的生物量为 1.730 5 mg/L，占 46.8%；枝角类的生物量为 0.670 7 mg/L，占 18.1%；桡足类的生物量为 1.257 9 mg/L，占 34.0%，

2019 年石臼湖浮游动物的总生物量年平均值为 3.189 7 mg/L。其中原生动物的生物量为 0.049 2 mg/L，占浮游动物的总生物量的 1.5%；轮虫的生物量为 1.984 0 mg/L，占 62.2%；枝角类的生物量为 0.432 6 mg/L，占 13.6%；桡足类的生物量为 0.723 9 mg/L，占 22.7%。

2020 年石臼湖浮游动物的总生物量年平均值为 2.524 3 mg/L。其中原生动物的生物量为 0.034 8 mg/L，占浮游动物的总生物量的 1.4%；轮虫的生物量为 1.611 0 mg/L，占 63.8%；枝角类的生物量为 0.275 7 mg/L，占 10.9%；桡足类的生物量为 0.602 8 mg/L，占 23.9%。

2021 年石臼湖浮游动物的总生物量年平均值为 2.485 0 mg/L。其中原生动物的生物量为 0.095 0 mg/L，占浮游动物的总生物量的 3.8%；轮虫的生物量为 1.970 0 mg/L，占 79.3%；枝角类的生物量为 0.260 0 mg/L，占 10.5%；桡足类的生物量为 0.160 mg/L，占 6.4%。

总结上述历年来的浮游动物的调查数据，得到石臼湖近几年来浮游动物生物量的变化情况(图 6.11)。浮游动物生物量的变化趋势与密度不同，呈现先上升后下降的趋势，其中 2015 年浮游动物生物量达到最高值，2021 年度的生物量最低。石臼湖浮游动物的生物量几乎是由轮虫决定，轮虫是石臼湖水体中生物量贡献率最大的浮游动物类群[51]。甲壳动物虽然数量较少，但对生物量的贡献占比较大[52]。

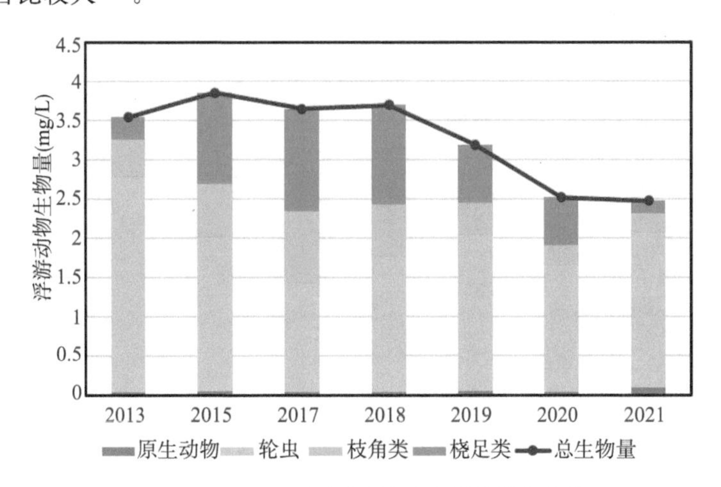

图 6.11 石臼湖浮游动物生物量的历年变化

底栖动物群落特征研究

7.1 样品采集与评价方法

7.1.1 样品采集与处理

采集底栖动物使用工具为改良彼得生采泥器(面积 1/20 m^2),每样点采集三次,若样品含有碎屑、底泥等,须采用网径 0.45 mm 尼龙筛网进行反复洗涤,然后现场进行样品分拣,并采用 7%福尔马林溶液进行固定,带回实验室进行镜检[53-54]。

参考《中国小蚓类研究》、《中国经济动物志・淡水软体动物》、*Aquatic insects of China useful for monitoring water quality* 等书籍,将软体动物、水栖寡毛类的优势种鉴定至种,摇蚊幼虫鉴定至属,水生昆虫等鉴定至科。对于暂时难以确定种类的样品应固定标本,方便进一步鉴定、分析。各采样点采集到的不同种类底栖动物要准确地统计数量,依据采样器开口面积推算 1 m^2 存在的数量(各种类数量和总数量);将样品进行称重,获取生物量并换算单位面积生物量[55-57]。

7.1.2 群落多样性评价方法

底栖动物群落的 alpha 多样性采用 Shannon-Wiener 多样性指数和 Pielou 均匀度指数来进行评估,计算公式和等级划分具体见 5.1.2 章节内容。

7.2 底栖动物种属组成

2021 年石臼湖各监测点全年共鉴定出底栖动物 19 种(属)。其中摇蚊科幼虫种类最多,共计 9 种;寡毛类次之,共检出 4 种;软体动物种类较少,为 2 种;其他检测出 4 种,包括蛭类 2 种,蜻蜓目 1 种,真虾亚目 1 种(表 7.1)。

表 7.1　2021 年度石臼湖底栖动物名录

种属	Taxa
寡毛类	**Oligochaeta**
苏氏尾鳃蚓	*Branchiura sowerbyi*
颤蚓	*Tubifex* sp.
克拉泊水丝蚓	*Limnodrilus ciaparedianus*
带丝蚓	*Lumbriculus* sp.
摇蚊幼虫	**Chironomidae**
黄色羽摇蚊	*Chironomus flaviplumus*
红裸须摇蚊	*Propsilocerus akamusi*
花翅前突摇蚊	*Procladius choreus*
刺铗长足摇蚊	*Tanypus punctipennis*
弯铗摇蚊属 A 种	*Cryptotendipes* sp. *A*
软铗小摇蚊	*Microchironomus tener*
喙隐摇蚊	*Cryptochironomus rostratus*
德永雕翅摇蚊	*Glyptotendipes tokunagai*
分齿恩非摇蚊	*Einfeldia dissidens*
软体动物	**Mollusca**
梨形环棱螺	*Bellamya purificata*
中华圆田螺	*Cipangopaludina cathayensis*
其他	**Others**
静泽蛭	*Helobdella stagnalis*
巴蛭	*Barbronia weberi*
秀丽白虾	*Exopalaemon modestus*
蜓科	Aeshnidae

石臼湖底栖动物密度和生物量被少数种类主导。密度方面，寡毛类的苏氏尾鳃蚓，摇蚊科幼虫的黄色羽摇蚊、红裸须摇蚊以及软体动物的梨形环棱螺优势度较高，分别占总密度的 3.20%、22.67%、58.43%和 3.20%。生物量方面，由于软体动物个体较大，软体动物的梨形环棱螺在总生物量上占据绝对优势，相对生物量达到 81.20%，中华圆田螺、红裸须摇蚊、黄色羽摇蚊所占比重次之，分别为 7.45%、4.28%、3.98%。从 19 个物种的出现频率来看，苏氏尾鳃蚓、克拉泊水丝蚓、黄色羽摇蚊、红裸须摇蚊等 4 个种类是石臼湖最常见的种类，其在大部分采样点均能采集到。综合底栖动物的密度、生物量以及各物种

在 12 个采样点的出现频率，利用优势度指数确定优势种类，结果表明石臼湖现阶段的底栖动物优势种主要为苏氏尾鳃蚓、黄色羽摇蚊、红裸须摇蚊和梨形环棱螺(表 7.2)。

表 7.2　2021 年度石臼湖底栖动物密度和生物量

种类	平均密度 (ind./m^2)	相对密度 (%)	平均生物量 (g/m^2)	相对生物量(%)	出现频率	优势度指数
寡毛类						
苏氏尾鳃蚓	47.6	3.20	2.35	1.59	5	23.95
颤蚓	8.7	0.58	0.08	0.06	2	1.28
克拉泊水丝蚓	34.6	2.33	0.15	0.10	4	9.70
带丝蚓	17.3	1.16	0.24	0.16	2	2.64
摇蚊幼虫						
黄色羽摇蚊	337.7	22.67	5.87	3.96	11	292.93
红裸须摇蚊	870.1	58.43	6.34	4.28	10	627.10
花翅前突摇蚊	4.3	0.29	0.01	0.01	1	0.30
刺铗长足摇蚊	12.9	0.87	0.05	0.04	1	0.91
弯铗摇蚊属 A 种	8.7	0.58	<0.01	<0.01	1	0.58
软铗小摇蚊	12.9	0.87	0.01	0.01	3	2.64
喙隐摇蚊	8.7	0.58	0.13	0.09	1	0.67
德永雕翅摇蚊	21.7	1.45	0.01	<0.01	1	1.46
分齿恩非摇蚊	8.7	0.58	0.01	0.01	1	0.59
软体动物						
梨形环棱螺	47.6	3.20	120.32	81.20	3	253.20
中华圆田螺	12.9	0.87	11.05	7.45	2	16.64
其他						
静泽蛭	4.3	0.29	0.01	0.01	1	0.30
巴蛭	12.9	0.87	0.13	0.09	2	1.94
秀丽白虾	12.9	0.87	1.30	0.88	1	1.75
蜓科	4.3	0.29	0.10	0.06	1	0.35

* 相对密度和相对生物量分别为某一物种占总密度和总生物量的百分比[58-59]，出现频率为某物种在所有采样点中的出现次数，优势度指数=(相对密度+相对生物量)×出现频率

7.3 底栖动物密度和生物量的时空分布研究

2021 年石臼湖全湖的底栖动物密度年平均值为 1 489 ind. /m^2，其中摇蚊科幼虫为 1 286 ind. /m^2，占总体密度的 86.37%；寡毛类为 108 ind. /m^2，占总体密度的 7.25%；软体动物为 61 ind. /m^2，占总体密度的 4.10%；其他底栖动物为 34 ind. /m^2，占总体密度的 2.28%(图 7.1)。

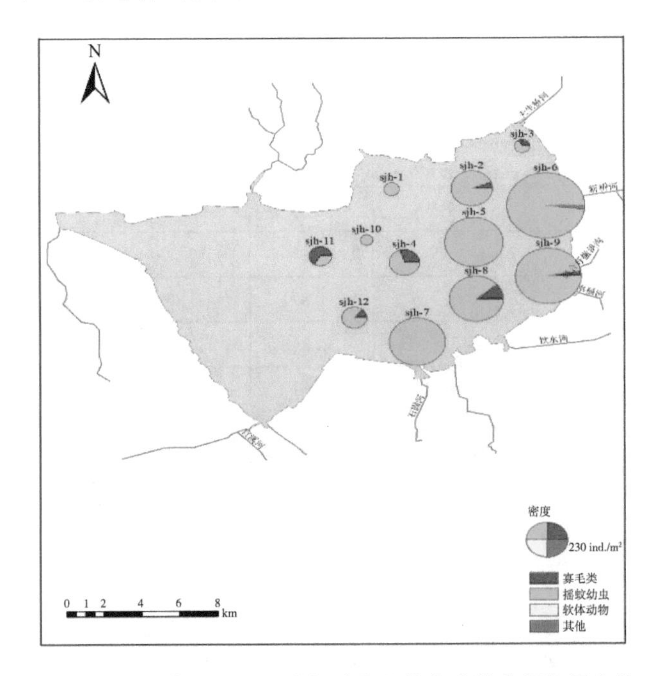

图 7.1 2021 年度石臼湖底栖动物总体密度的空间格局变化

在各个季度中，各采样点密度空间分布不均、差异较大(图 7.2)，最大差异出现在春季，最高值出现在 SJH－6 采样点，为 810 ind. /m^2，最低值出现在 SJH－10 采样点，最低值为 32 ind. /m^2；最小差异出现在秋季，最高值出现在 SJH－2 采样点，为 63 ind. /m^2，最低值为 0 ind. /m^2。在各个季度中，密度最高值均出现在石臼湖的东北部以及南部沿岸区域，且密度最高值主要分布在 SJH－6、SJH－7、SJH－9 以及 SJH－12 等采样点，而在湖心区中部水域，密度较低，这种表现出的密度空间分布格局与石臼湖的地理位置以及功能区划有密切关系。

在各个采样点中，寡毛类和摇蚊幼虫的密度空间分布占比较大，软体动物和其他所占比重相对较低；同时，随着时间向冬、春季过渡，寡毛类、摇蚊幼虫的密度在各采样点均有很大程度增大，软体动物只在个别采样点的监测中被发现。其主要原因可能与不同种类底栖动物的生长习性相关，冬春季为摇蚊幼虫在泥水界面的繁殖期，在密度方面占比较大；随着温度的升高，摇蚊幼虫逐渐羽化，密度占比降低。

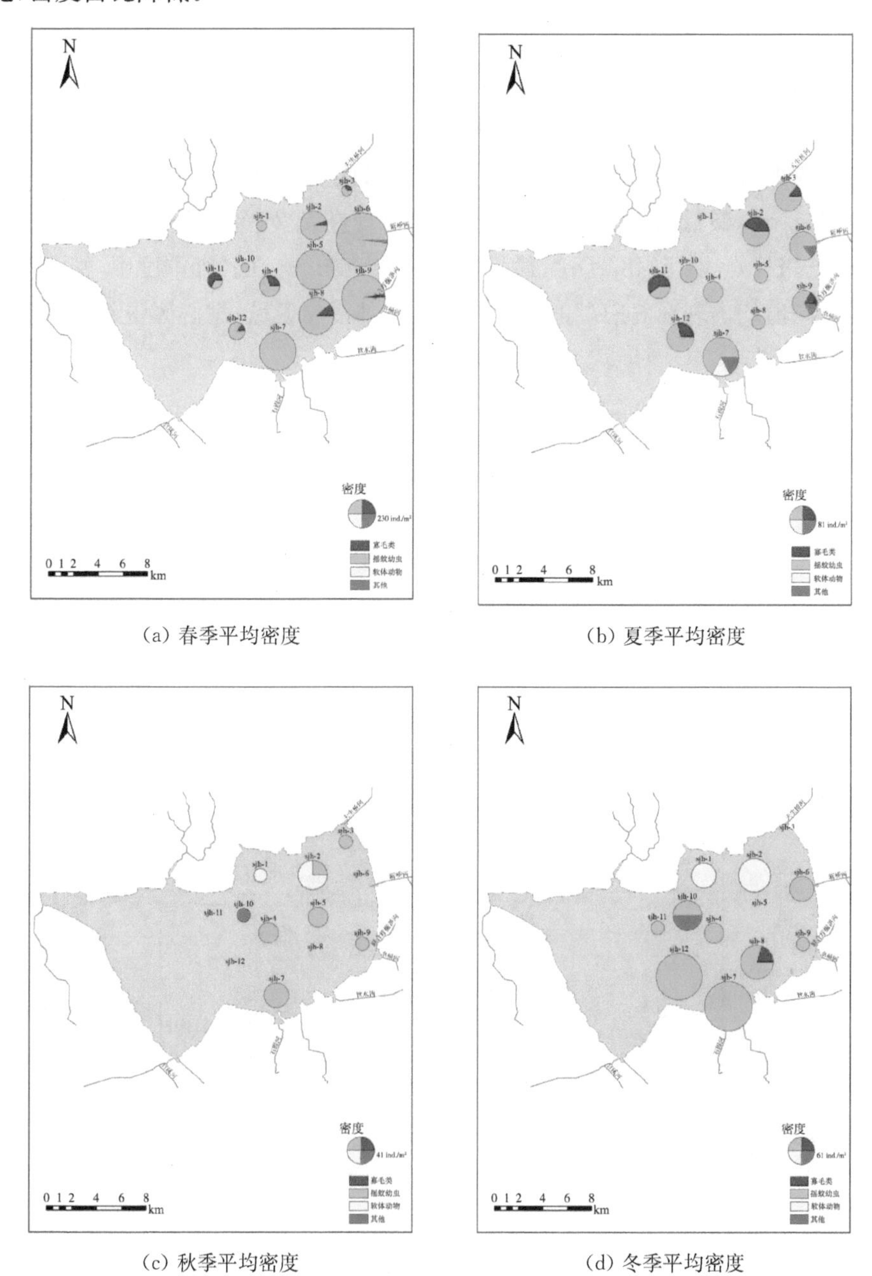

(a) 春季平均密度　　(b) 夏季平均密度

(c) 秋季平均密度　　(d) 冬季平均密度

图 7.2　2021 年度不同季节石臼湖底栖动物密度空间分布差异

2021 年石臼湖全湖的底栖动物生物量年平均值为 148.17 g/m²，其中摇蚊幼虫为 12.44 g/m²，占总体密度的 8.40%；寡毛类为 2.82 g/m²，占总体密度的 1.90%；软体动物为 131.37 g/m²，占总体密度的 88.66%；其他底栖动物为 1.54 g/m²，占总体密度的 1.04%（图 7.3）。

生物量方面，由于软体动物的特殊性，其生物量所占比重较大。寡毛类、摇蚊幼虫共同主导了石臼湖底栖动物密度的空间分布格局。不同季节生物量空间差异较大，最大差异出现在 2021 年冬季，最高值出现在 SJH－2 采样点，为 268.55 g/m²，最低值为 0 g/m²；最小差异出现在 2021 年春季，最高值出现在 SJH－6 采样点，为 5.48 g/m²，最低值为 0.20 g/m²。在各个季度中，密度和生物量最高值均出现在石臼湖的东北部以及南部沿岸区域，湖心区中部水域生物量较低（图 7.4）。

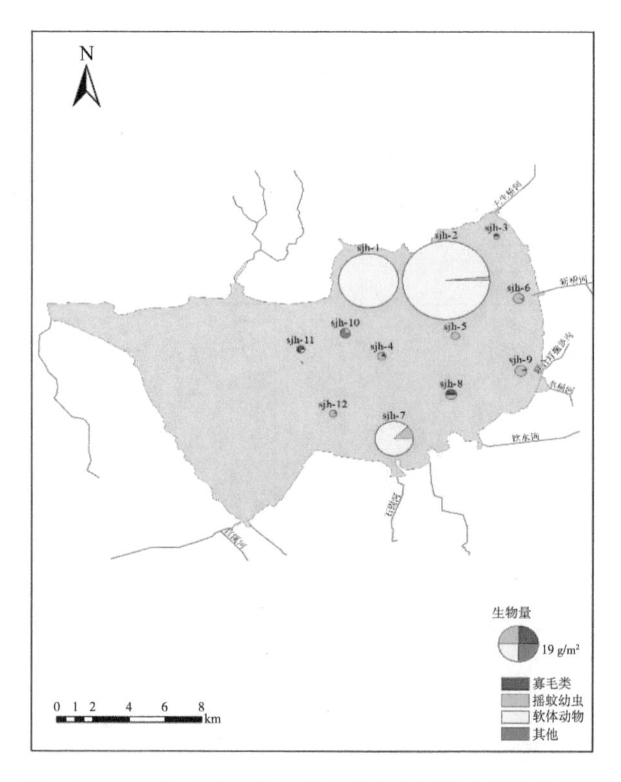

图 7.3　2021 年度石臼湖底栖动物生物量的空间格局变化

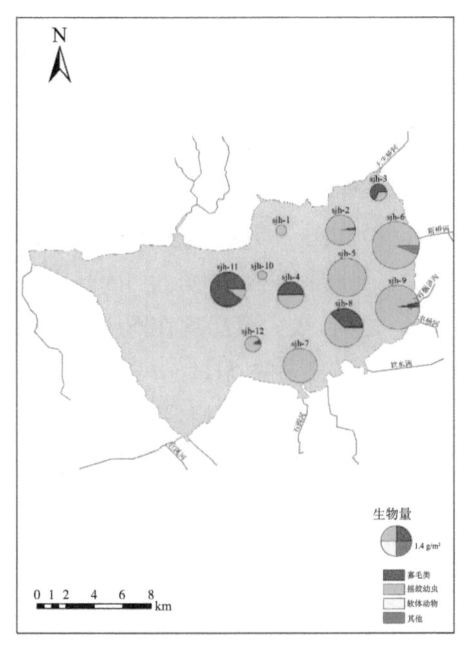

(a) 春季平均生物量

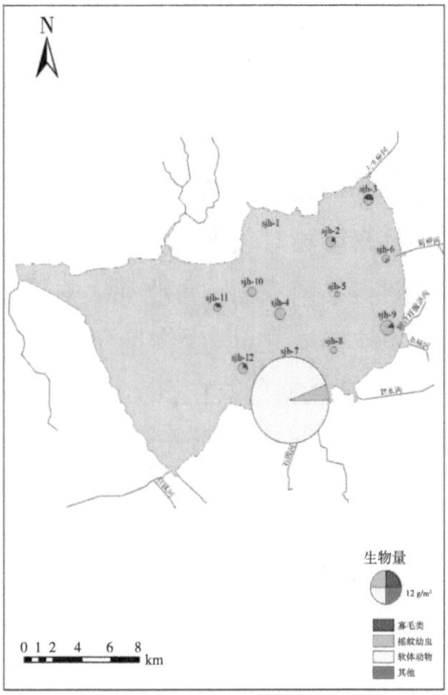

(b) 夏季平均生物量

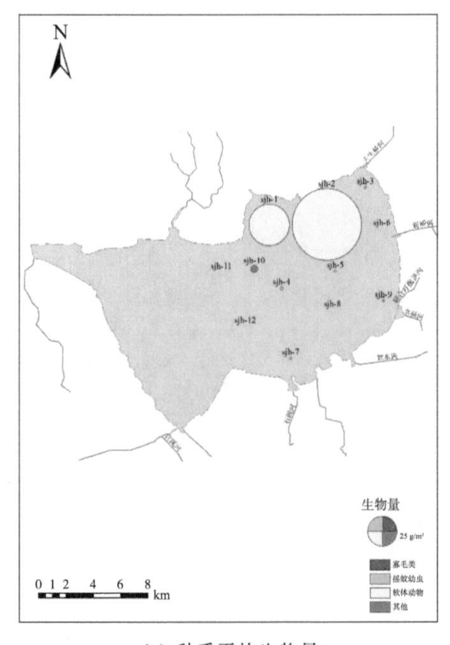

(c) 秋季平均生物量

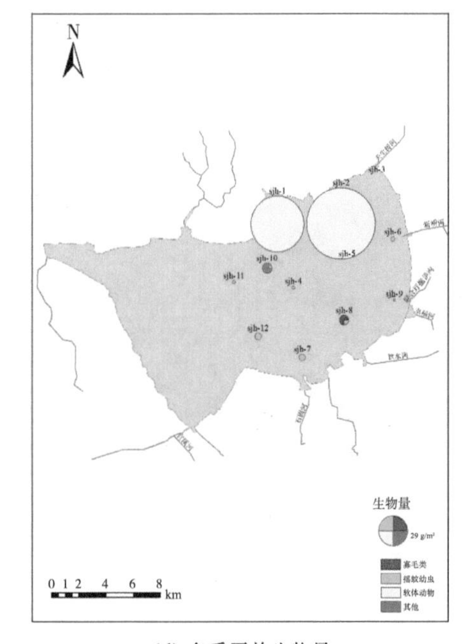

(d) 冬季平均生物量

图 7.4　2021 年度不同季节石臼湖底栖动物生物量空间分布差异

图 7.5 反映了石臼湖底栖动物主要优势种全年平均密度和生物量空间分布格局。苏氏尾鳃蚓在石臼湖部分采样点有采集到，主要分布在湖区中部偏南区域。苏氏尾鳃蚓密度介于 0～17 ind./m^2 之间，最大值出现在 SJH－8 采样点；苏氏尾鳃蚓生物量介于 0～1.05 g/m^2 之间[图 7.5(a)和图 7.5(b)]。红裸须摇蚊分布较广，除石臼湖 SJH－3、SJH－11 采样点外，其他各采样点均有分布，且密度相对较大，呈现区域性变化[图 7.5(c)和图 7.5(d)]，主要分布在湖区东部与南部沿岸地带，中心区域较少。红裸须摇蚊密度介于 0～186 ind./m^2 之间，生物量介于 0～1.28 g/m^2 之间，最大值出现在 SJH－6 采样点。黄色羽摇蚊在石臼湖的分布较为均匀，在石臼湖除 SJH－1 采样点外，其他各采样点均有分布[图 7.5(e)和 7.5(f)]，且各采样点密度相差不大，密度介于 0～56 ind./m^2 之间，生物量介于 0～1.23 g/m^2 之间，最大值出现在 SJH－7 采样点。梨形环棱螺仅在石臼湖 SJH－1、SJH－2 和 SJH－7 采样点有采集到[图 7.5(g)和 7.5(h)]，但密度及生物量占比均较大，密度最大值为 26 ind./m^2，生物量最大值为 66.33 g/m^2。作为污染性指示物种，寡毛类与摇蚊幼虫密度以及生物量对评价石臼湖的污染状态具有很强的指示作用，摇蚊幼虫基本覆盖石臼湖全湖，说明石臼湖全湖的生态环境质量不容乐观。与前两年度相比，寡毛类在密度与生物量方面均有所下降，间接表明石臼湖生态环境要

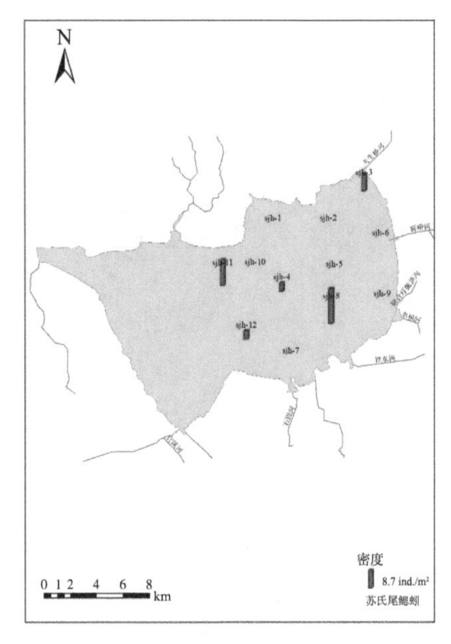

(a) 苏氏尾鳃蚓密度

(b) 苏氏尾鳃蚓生物量

(c) 红裸须摇蚊密度

(d) 红裸须摇蚊生物量

(e) 黄色羽摇蚊密度

(f) 黄色羽摇蚊生物量

(g) 梨形环棱螺密度

(h) 梨形环棱螺生物量

图 7.5 石臼湖底栖动物优势种空间分布格局

较前两年度有所好转。总体来看,石臼湖底栖动物优势种的分布区域较为相似,湖区中心 SJH－5 采样点优势种种类最少,都主要分布在人类活动频繁的湖区周边水域,受人类活动影响较大。

7.4 底栖动物群落多样性研究

采用 Shannon-Wiener 多样性指数和 Pielou 均匀度指数来评估底栖动物群落的 alpha 多样性。通过公式计算,石臼湖底栖动物群落的 Shannon-Wiener 多样性指数与 Pielou 均匀度指数计算结果如下。

2021 年石臼湖底栖动物群落的 Shannon-Wiener 多样性指数分布在 0.44～1.61 之间,均值为 1.04,其中秋季均值最高,为 1.61;冬季均值最低,为 0.96。此外,底栖动物群落的 Shannon-Wiener 多样性指数在空间分布上,北部湖区较高(图 7.6)。

2021 年石臼湖底栖动物群落的 Pielou 均匀度指数分布在 0.7～1.0 之间(图 7.7),均值为 0.92,除春季较高外,其他各季节之间的差异不显著。

上述两种 alpha 多样性指数的分析结果显示,2021 年石臼湖水体中底栖动物群落在密度和生物量上存在着明显的季节分布格局差异,但以多样性角度观

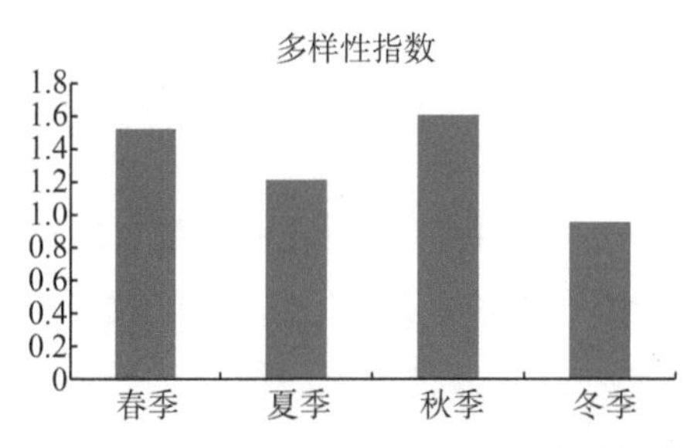

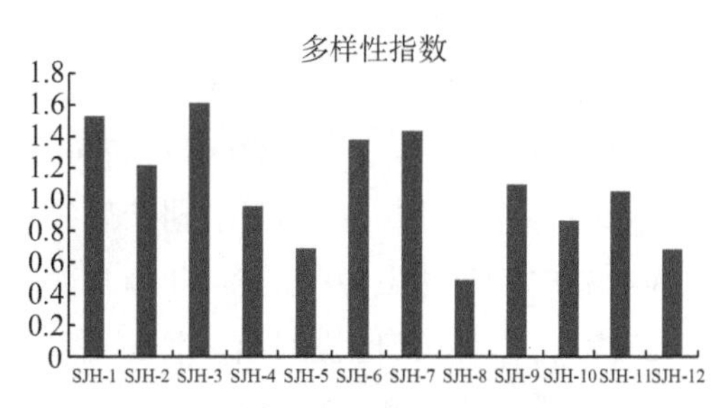

图 7.6　2021 年度石臼湖底栖动物群落 Shannon-Wiener 多样性时空变化

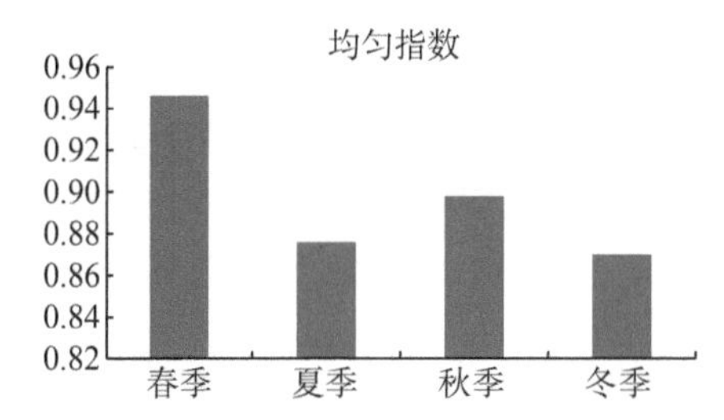

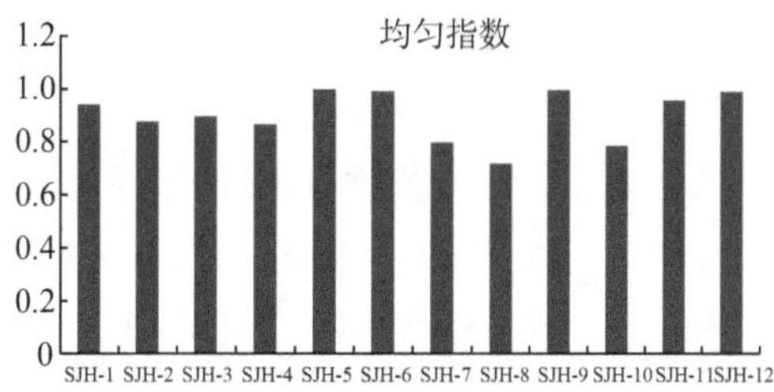

图 7.7　2021 年度石臼湖底栖动物群落 Pielou 均匀度指数时空变化

察，不同季节间的底栖动物群落差异不大。这与浮游生物的规律不一致，但也在很大程度上说明底栖动物受到石臼湖底质影响，水质对底栖动物物种的密度、生物量以及群落多样性影响程度不高[60-61]。

7.5　底栖动物历史变化研究

7.5.1　种类组成及优势种的历史变化趋势研究

2013 年度调查显示：石臼湖各采样点的样品中，共观察到底栖动物 14 种(属)，其中摇蚊幼虫种类最多，共计 7 种；水栖寡毛类次之，共 3 种，主要为寡毛纲颤蚓科的种类；软体动物较少，共 3 种，均为螺类：蛭类 1 种，为扁舌蛭。优势种主要为苏氏尾鳃蚓、中华河蚓、羽摇蚊、半折摇蚊和环棱螺。

2015 年度调查显示：石臼湖各采样点的样品中，共观察到底栖动物 13 种(属)其中摇蚊幼虫种类最多，共计 7 种；其次是寡毛类，共采集到 3 种，软体动物 1 种，为环棱螺；蛭类 1 种，为扁舌蛭；另外采集到 1 种多毛类，为沙蚕。优势种主要为苏氏尾鳃蚓、霍甫水丝蚓、摇蚊、环棱螺和扁舌蛭。

2017 年度调查显示：石臼湖各采样点的样品中，共观察到底栖动物 20 种

(属),其中摇蚊幼虫种类最多,共计 8 种;寡毛类次之,共检出 6 种;软体动物为 3 种;其他检测出 3 种,包括蛭类 2 种、蜻蜓目 1 种。优势种主要为苏氏尾鳃蚓、颤蚓、黄色羽摇蚊、红裸须摇蚊和河蚬。

2018 年度调查显示:石臼湖各采样点的样品中,共观察到底栖动物 12 种(属),其中摇蚊幼虫种类最多,共计 5 种;寡毛类次之,共检出 4 种;软体动物种类最少,为 1 种;其他检测出 2 种,包括蛭类 2 种。优势种主要为颤蚓、黄色羽摇蚊、红裸须摇蚊和中华裸须摇蚊。

2019 年度调查显示:石臼湖各采样点的样品中,共观察到底栖动物 16 种(属),其中摇蚊幼虫种类最多,共计 7 种;寡毛类次之,共检出 4 种;软体动物种类较少,为 3 种;其他检测出 2 种,包括蛭类 1 种,蜻蜓目 1 种。优势种主要为苏氏尾鳃蚓、颤蚓、黄色羽摇蚊、红裸须摇蚊和梨形环棱螺。

2020 年度调查显示:石臼湖各采样点的样品中,共观察到底栖动物 8 种(属)。其中摇蚊幼虫的种类最多,为 4 种;其次是寡毛类,为 3 种;再次是软体动物,为 1 种。

2021 年度调查显示:石臼湖各采样点的样品中,共观察到底栖动物 19 种(属),其中摇蚊幼虫种类最多,共计 9 种;寡毛类次之,共检出 4 种;软体动物种类较少,为 2 种;其他检测出 4 种,包括蛭类 2 种,蜻蜓目 1 种,真虾亚目 1 种。优势种主要为苏氏尾鳃蚓、黄色羽摇蚊、红裸须摇蚊和梨形环棱螺。

总结上述历年来的底栖动物的调查数据,得到石臼湖近几年来底栖动物种类数量的变化情况(图 7.8)。整体上,底栖动物种类呈现出波动的趋势,两个

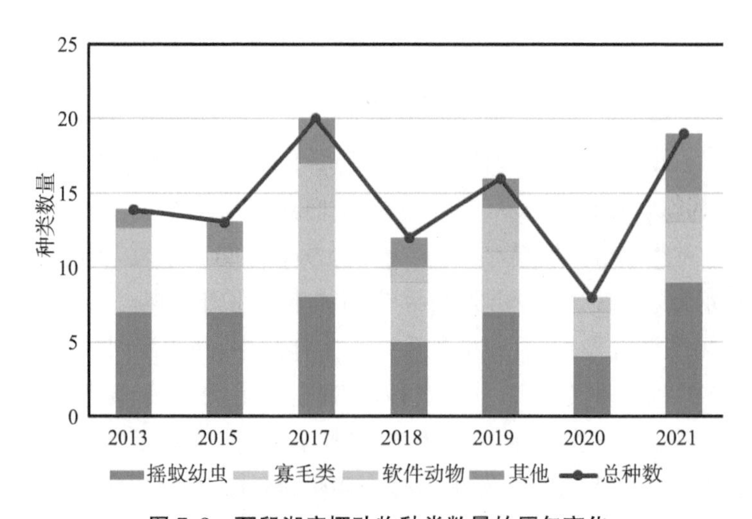

图 7.8　石臼湖底栖动物种类数量的历年变化

高峰分别出现在2017年和2021年。摇蚊幼虫和寡毛类是底栖动物群落的主要类群。相比之下,其他种类在历年间差异不大,底栖动物种类数量的波动主要与摇蚊幼虫的种类数量波动相关。

7.5.2 密度的历史变化趋势

2013年石臼湖全湖的底栖动物密度年平均值为807 ind./m^2,其中摇蚊幼虫为547 ind./m^2,占总体密度的67.78%;寡毛类为218 ind./m^2,占总体密度的27.01%;软体动物为16 ind./m^2,占总体密度的1.98%;其他底栖动物为26 ind./m^2,占总体密度的3.22%。

2015年石臼湖全湖的底栖动物密度年平均值为2334 ind./m^2,其中摇蚊幼虫为1405 ind./m^2,占总体密度的60.20%;寡毛类为667 ind./m^2,占总体密度的28.58%;软体动物为8 ind./m^2,占总体密度的0.34%;其他底栖动物为254 ind./m^2,占总体密度的10.88%。

2017年石臼湖全湖的底栖动物密度年平均值为1941 ind./m^2,其中摇蚊幼虫为1167 ind./m^2,占总体密度的60.12%;寡毛类为691 ind./m^2,占总体密度的35.60%;软体动物为60 ind./m^2,占总体密度的3.09%;其他底栖动物为23 ind./m^2,占总体密度的1.18%。

2018年石臼湖全湖的底栖动物密度年平均值为1468 ind./m^2,其中摇蚊幼虫为893 ind./m^2,占总体密度的60.83%;寡毛类为555 ind./m^2,占总体密度的37.81%;软体动物为8 ind./m^2,占总体密度的0.54%;其他底栖动物为12 ind./m^2,占总体密度的0.82%。

2019年石臼湖全湖的底栖动物密度年平均值为2040 ind./m^2,其中摇蚊幼虫为1698 ind./m^2,占总体密度的83.24%;寡毛类为306 ind./m^2,占总体密度的15.0%;软体动物为16 ind./m^2,占总体密度的0.78%;其他底栖动物为20 ind./m^2,占总体密度的0.98%。

2020年石臼湖全湖的底栖动物密度年平均值为700 ind./m^2,其中摇蚊幼虫为597 ind./m^2,占总体密度的85.28%;寡毛类为66 ind./m^2,占总体密度的9.43%;软体动物为38 ind./m^2,占总体密度的5.43%。

2021年石臼湖全湖的底栖动物密度年平均值为1489 ind./m^2,其中摇蚊幼虫为1286 ind./m^2,占总体密度的86.37%;寡毛类为108 ind./m^2,占总体密度的7.25%;软体动物为61 ind./m^2,占总体密度的4.10%;其他底栖动物为34 ind./m^2,占总体密度的2.28%。

总结上述历年来的底栖动物的调查数据，得到石臼湖近几年来底栖动物密度的变化情况(图 7.9)。石臼湖底栖动物密度呈现先上升后下降的反复波动趋势，其中 2020 年密度最低(2020 年整体水位较高)，2021 年密度开始回升。摇蚊幼虫与寡毛类是底栖动物群落密度变化的主要贡献类群，它们也呈现出明显的波动趋势，摇蚊幼虫密度整体呈上升趋势，寡毛类密度则整体呈下降趋势。

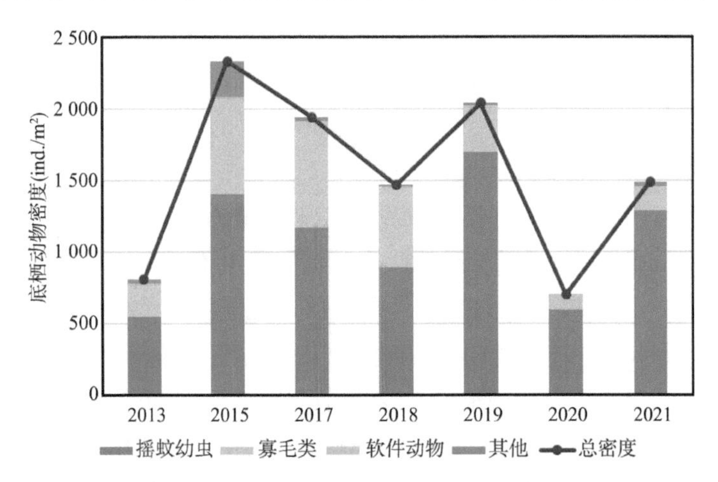

图 7.9　石臼湖底栖动物密度的历年变化

7.5.3　生物量的历史变化趋势

2013 年石臼湖全湖的底栖动物生物量年平均值为 61.30 g/m²，其中摇蚊幼虫为 9.17 g/m²，占总体生物量的 14.96%；寡毛类为 4.62 g/m²，占总体生物量的 7.54%；软体动物为 47.45 g/m²，占总体生物量的 77.41%；其他底栖动物为 0.07 g/m²，占总体生物量的 0.11%。

2015 年石臼湖全湖的底栖动物生物量年平均值为 72.90 g/m²，其中摇蚊幼虫为 20.68 g/m²，占总体生物量的 28.37%；寡毛类为 15.02 g/m²，占总体生物量的 20.60%；软体动物为 32.18 g/m²，占总体生物量的 44.14%；其他底栖动物为 5.02 g/m²，占总体生物量的 6.89%。

2017 年石臼湖全湖的底栖动物生物量年平均值为 90.00 g/m²，其中摇蚊幼虫为 13.14 g/m²，占总体生物量的 14.60%；寡毛类为 5.62 g/m²，占总体生物量的 6.24%；软体动物为 70.37 g/m²，占总体生物量的 78.19%；其他底栖动物为 0.87 g/m²，占总体生物量的 0.97%。

2018 年石臼湖全湖的底栖动物生物量年平均值为 37.58 g/m²，其中摇蚊幼虫为 9.91 g/m^2，占总体生物量的 26.37%；寡毛类为 7.44 g/m^2，占总体生物量的 19.80%；软体动物为 18.55 g/m^2，占总体生物量的 49.36%；其他底栖动物为 1.68 g/m^2，占总体生物量的 4.47%。

2019 年石臼湖全湖的底栖动物生物量年平均值为 65.44 g/m^2，其中摇蚊幼虫为 19.54 g/m^2，占总体生物量的 29.86%；寡毛类为 5.73 g/m^2，占总体生物量的 8.76%；软体动物为 40.03 g/m^2，占总体生物量的 61.17%；其他底栖动物为 0.14 g/m^2，占总体生物量的 0.21%。

2020 年石臼湖全湖的底栖动物生物量年平均值为 25.78 g/m^2，其中摇蚊幼虫为 6.14 g/m^2，占总体生物量的 23.81%；寡毛类为 1.34 g/m^2，占总体生物量的 5.20%；软体动物为 18.30g/m^2，占总体生物量的 71.00%。

2021 年石臼湖全湖的底栖动物生物量年平均值为 148.17 g/m^2，其中摇蚊幼虫为 12.44 g/m^2，占总体生物量的 8.40%；寡毛类为 2.82 g/m^2，占总体生物量的 1.90%；软体动物为 131.37 g/m^2，占总体生物量的 88.66%；其他底栖动物为 1.54 g/m^2，占总体生物量的 1.04%。

总结上述历年来的底栖动物的调查数据，得到石臼湖近几年来底栖动物生物量的变化情况（图 7.10）。石臼湖底栖动物生物量的变化呈先上升后下降的反复波动趋势，2021 年生物量最高，近几年生物量变化主要与软体动物有关，其他种类底栖动物的生物量各年间变化不大，基本维持在同一水平，由于软体动物重量远大于其他底栖生物，所以软体动物生物量波动导致年均生物量也跟着波动。

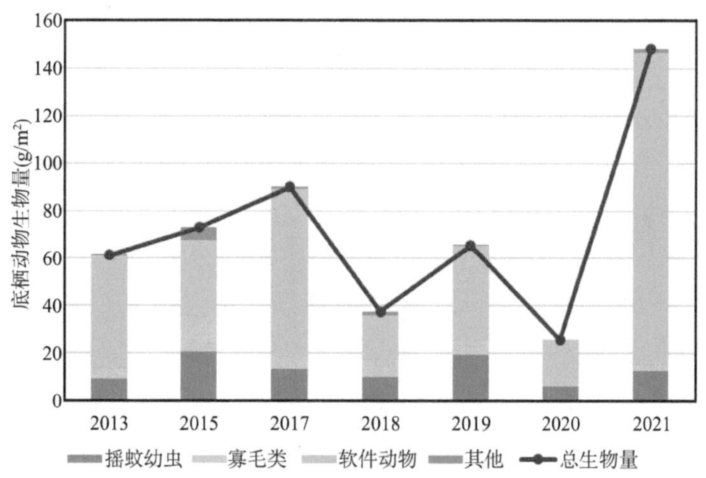

图 7.10　石臼湖底栖动物生物量的历年变化

8

流域污染源核算和水动力水质模拟研究

8.1 流域污染源核算

研究中采用SWAT模型对石臼湖流域进行点源-非点源污染的模拟计算。SWAT模型是由美国农业部(USDA)农业研究局(ARS)开发的分布式流域水文模型,是一个具有物理基础的、以日为时间单位运行的流域尺度的动态模拟模型,可以进行连续多年的模拟计算。用于模拟地表水和地下水的水质和水量,长期预测土地管理措施对多种土壤、土地利用和管理条件的复杂流域的水文、泥沙和农业化学物质产量的影响。SWAT模型可以模拟流域内很多不同的物理过程,主要包括水文过程子模型、土壤侵蚀子模型和污染物负荷子模型[62-64]。

8.1.1 SWAT子模型

8.1.1.1 水文过程子模型

模型中采用的水量平衡表达式[65]为:

$$SW_t = SW_0 + \sum_{i=1}^{t} (R_{day} - Q_{surf} - E_a - W_{seep} - Q_{gw}) \tag{8.1}$$

式中:SW_t 为土壤最终含水量,mm;SW_0 是土壤前期含水量,mm;t 是时间步长,d;R_{day} 为第 i 天降水量,mm;Q_{surf} 是第 i 天的地表径流,mm;E_a 是第 i 天的蒸发量,mm;W_{seep} 为第 i 天位于土壤剖面地层的渗透量和侧流量,mm;Q_{gw} 是第 i 天地下水含量,mm。

(1) 地表径流

SWAT模型采用对全美小流域降水与径流关系20多年的研究成果——经验模型的SCS曲线数法,来进行降水径流模拟[66]。SCS模型的降雨-径流基本关系表达式如下:

$$\frac{F}{S} = \frac{Q}{P - I_a} \tag{8.2}$$

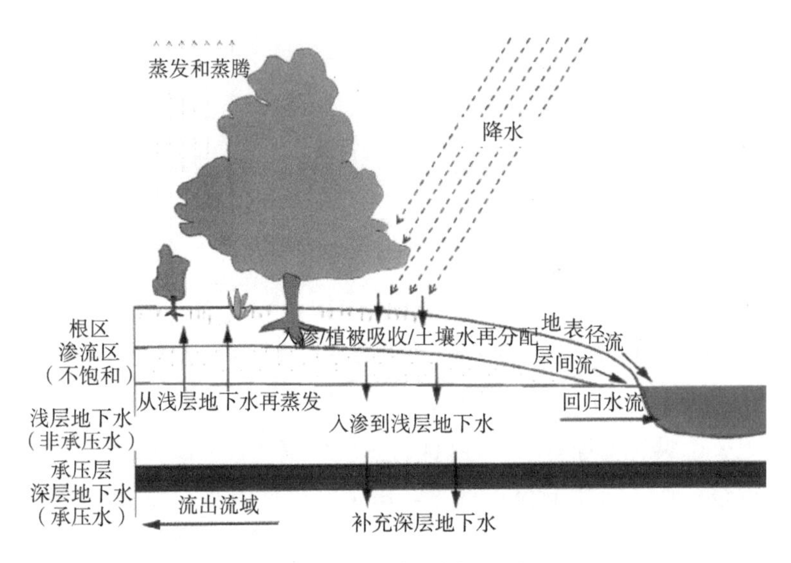

图 8.1 SWAT 水文循环示意图

式中：P 为一次性降水总量，mm；Q 为径流量，mm；I_a 为初损，即产生地表径流之前的降雨损失，mm；F 为后损，即产生地表径流之后的降雨损失，mm；S 为流域当时的可能最大滞留量，是后损 F 的上限，mm。

流域当时最大可能滞留量 S 在空间上与土地利用方式、土壤类型和坡度等下垫面因素密切相关，模型引入 CN 值可较好地确定 S，公式如下：

$$S = \frac{25\ 400}{CN} - 254 \tag{8.3}$$

（2）蒸散发量

模型提供了 Penman-Monteith 、Priestley-Taylor 和 Hargreaves 三种计算潜在蒸散发能力的方法[67]，另外还可以使用实测资料或已经计算好的逐日潜在蒸散发资料。

（3）土壤水

下渗到土壤中的水以不同的方式运动。模型采用动力贮水方法计算壤中流，公式[68]如下：

$$Q_{lat} = 0.024 \times \frac{2 \times SW_{ly,excess} \times K_{sat} \times slp}{\Phi \times L_{hill}} \tag{8.4}$$

式中：$SW_{ly,excess}$ 为土壤饱和区内可流出的水量，mm；K_{sat} 为土壤饱和导水率，mm/h；slp 为坡度，°；L_{hill} 为山坡坡长，m；Φ 为土壤可出流的空隙率。

8.1.1.2 土壤侵蚀子模型

MUSLE 可以用来预测泥沙生成量。计算渠道泥沙输移的公式[69]为：

$$T = a \times V^b \tag{8.5}$$

式中：T 为输移能力，t/m³；V 为流速，m/s；a 和 b 是常数。

MUSLE 是修正的通用土壤流失方程（USLE）。在 MUSLE 中，用径流因子代替降水动能，改善了泥沙产量的预测，这样就不需要泥沙输移系数，修正的通用土壤流失方程：

$$m_{sed} = 11.8 \times (Q_{surf} \times q_{peak} \times A_{hru})^{0.56} \times K_{usle} \times C_{usl}e \times P_{usle} \times LS_{usle} \times CFRG \tag{8.6}$$

式中：m_{sed} 为土壤侵蚀量，t；Q_{surf} 为地表径流，mm/h；q_{peak} 为洪峰径流，m^3/s；A_{hru} 为水文响应单元（HRU）的面积，hm^2；K_{usle} 为土壤侵蚀因子；C_{usle} 为植被覆盖和管理因子；P_{usle} 为保持措施因子；LS_{usle} 为地形因子；$CFRG$ 为粗碎屑因子。

8.1.1.3 污染负荷子模型

1）氮污染负荷模型

SWAT 模型可以模拟不同形态氮素的迁移转化过程，包括化肥输入、地表径流流失、入渗淋失等物理过程，有机氮（氮素可以分为有机氮、硝酸盐氮和作物氮三种化学状态）矿化、反硝化等化学过程以及作物吸收等生物过程，氮的生物固定、有机氮向无机氮的转化以及溶解性氮随侧向壤中流的迁移等过程[70]（图 8.2）。

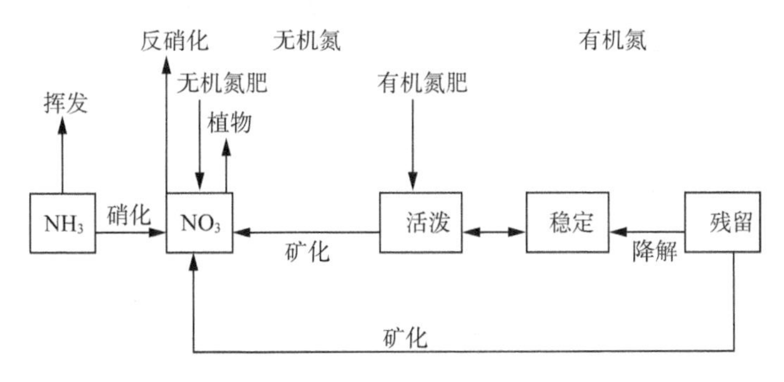

图 8.2 SWAT 模型模拟氮循环示意图

（1）溶解态氮（硝态氮）污染负荷模型

硝态氮主要随地表径流、侧向流或渗流在水体中迁移，要计算随水体迁移的硝态氮量必须先计算自由水中的硝态氮浓度，用这个浓度乘以各个水路流动水的总量，即可得到从土壤中流失的硝态氮总量。

自由水部分的硝态氮浓度可用下面公式[71]计算：

$$\rho_{NO_3,mobile}=\frac{1}{w_{mobile}}\times\rho_{NO_{3ly}}\times\exp\left[\frac{-w_{mobile}}{(1-\theta_e)\times SAT_{ly}}\right] \tag{8.7}$$

式中：$\rho_{NO_3,mobile}$ 为自由水中硝态氮浓度（以 N 计），kg/mm；$\rho_{NO_{3ly}}$ 为土壤中硝态氮的量（以 N 计），kg/hm^2；w_{mobile} 为土壤中自由水的量，mm；θ_e 为孔隙度；SAT_{ly} 为土壤饱和含水量。

通过地表径流流失的溶解态氮计算公式[72]：

$$\rho_{NO_{3surf}}=\beta_{NO_3}\times\rho_{NO_3,mobile}\times Q_{surf} \tag{8.8}$$

式中：$\rho_{NO_{3,surf}}$ 为通过地表径流流失的硝态氮（以 N 计），kg/hm^2；β_{NO_3} 为硝态氮渗流系数；$\rho_{NO_{3,mobile}}$ 为自由水的硝态氮浓度（以 N 计），kg/mm；Q_{surf} 为地表径流，mm。

通过侧向流流失的溶解态氮的量计算公式，对于地表 10 mm 土层：

$$\rho_{NO_{3lat,ly}}=\beta_{NO_3}\times\rho_{NO_{3,mobile}}\times Q_{lat,ly} \tag{8.9}$$

对于 10 mm 以下的土层：

$$\rho_{NO_{3lat,ly}}=\rho_{NO_{3,mobile}}\times Q_{lat,ly} \tag{8.10}$$

式中：$\rho_{NO_{3lat,ly}}$ 为通过侧向流流失的硝态氮（以 N 计），kg/hm^2；β_{NO_3} 为硝态氮渗流系数；$\rho_{NO_{3,mobile}}$ 为自由水的硝态氮浓度（以 N 计），kg/mm；$Q_{lat,ly}$ 为侧向流，mm。

通过渗流流失的溶解态氮的量计算公式[73]：

$$\rho_{NO_{3perc,ly}}=\rho_{NO_3,mobile}\times w_{perc,ly} \tag{8.11}$$

式中：$\rho_{NO_{3perc,ly}}$ 为通过渗流流失的硝态氮（以 N 计），kg/hm^2；$\rho_{NO_{3,mobile}}$ 为自由水的硝态氮浓度（以 N 计），kg/mm；$w_{perc,ly}$ 为渗流，mm。

（2）吸附态氮（有机氮）污染负荷模型

有机氮通常是吸附在土壤颗粒上随径流迁移的，这种形式的氮负荷与土壤流失量密切相关，土壤流失量直接反映了有机氮负荷，1976 年 Mcelroy 等创建了有机氮随土壤流失的输移负荷函数。

$$\rho_{orgN\,surf}=0.001\times\rho_{orgN}\times\frac{m}{A_{hru}}\times\varepsilon_N \tag{8.12}$$

式中：$\rho_{orgN_{surf}}$ 为有机氮流失量(以 N 计)，kg/hm^2；ρ_{orgN} 为有机氮在表层(10 mm)土壤中的浓度(以 N 计)，kg/t；m 为土壤流失量，t；A_{hru} 为水文响应单元的面积，hm^2；ε_N 为氮富集系数，氮富集系数是随土壤流失的有机氮浓度和土壤表层有机氮浓度的比值。

2) 磷污染负荷模型

(1) 溶解态磷污染负荷模型

溶解态磷在土壤中的迁移主要是通过扩散作用实现的，扩散是指离子在微小尺度下由于浓度梯度而引起的溶质迁移，由于溶解态磷不是很活跃，所以由地表径流以溶解态形式带走的土壤表层的磷很少，地表径流输移的溶解态磷可由下面公式[74]计算：

$$P_{surf}=\frac{P_{solution,surf}\times Q_{surf}}{\rho_b\times h_{surf}\times k_{d,surf}} \tag{8.13}$$

式中：P_{surf} 为通过地表径流流失的溶解态磷，kg/hm^2；$P_{solution,surf}$ 为土壤中溶解态磷，kg/hm^2；ρ_b 为土壤溶质密度，mg/m^3；h_{surf} 为表层土壤深度，mm；$k_{d,surf}$ 为土壤磷分配系数，表层土壤中溶解态磷的浓度和地表径流中溶解态磷浓度的比值。

(2) 有机磷和矿物质磷污染负荷模型

有机磷和矿物质磷通常是吸附在土壤颗粒上通过径流迁移的，这种形式的磷负荷与土壤流失量密切相关，土壤流失量直接反映了有机磷和矿物质磷负荷，有机磷和矿物质磷随土壤流失输移量计算公式[75]为：

$$m_{P_{surf}}=0.001\times\rho_P\times\frac{m}{A_{hru}}\times\varepsilon_P \tag{8.14}$$

式中：$m_{P_{surf}}$ 为有机磷流失量，kg/hm^2；ρ_P 为有机磷在表层土壤中的浓度，kg/t；m 为土壤流失量，t；A_{hru} 为水文相应单元的面积，hm^2；ε_P 为磷富集系数。

8.1.2　SWAT 模型数据库的建立

8.1.2.1　数字高程模型

数字高程模型(Digital Elevation Model，DEM)是将地形表面形态进行数字化，然后用一组有序数值阵列形式来表示地面高程的实体地面模型[76-78]。

DEM包括地理坐标和高程两方面信息，利用每个栅格与其周围8个相邻栅格的高程差，按照最陡坡度原则，确定各个栅格的水流方向，从而进一步确定水系和集水区域。研究中的DEM数据来源于地理空间数据云(图8.3)，为V2版ASTER GDEM数据，采用UTM/WGS84投影，空间分辨率为30 m，数据类型为TIFF。采用Arc GIS软件，将原始的DEM进行UTM投影变换后转换为GRID格式数据，以便于SWAT模型的数据导入。坡度分类图如图8.4所示。

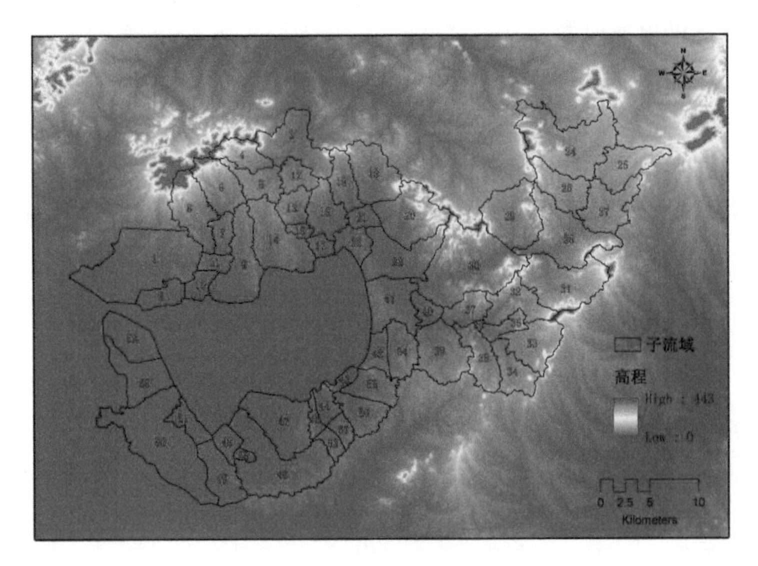

图8.3　石臼湖流域DEM图

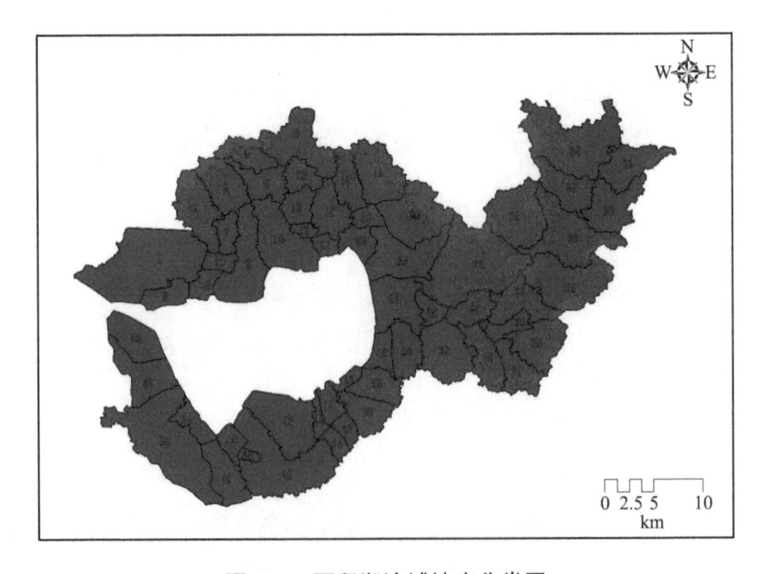

图8.4　石臼湖流域坡度分类图

1）流域边界提取

流域是以分水线作为边界的河流集水区，是对河流等进行研究和治理的基本单元，因此，确定流域边界线是研究该区域非点源污染的第一步，采用 Arc GIS 软件，对原始的 DEM 进行图像拼接，对拼接后的 DEM 进行计算流向、提取洼地、分析和填充洼地等处理，利用新的 DEM 提取流域边界，由于石臼湖周边区域存在大面积的平原河网区，并且由人工开凿的运河对自然流域进行了阻断，因此，在流域边界生成过程中，结合了影像数据，人工目视解译对边界进行了修正。

2）子流域生成

SWAT 模型为分布式模型，需要以子流域为基础对输入数据和参数进行集总，子流域划分水平根据流域大小和研究目的所要求的精度确定。用软件的编辑工具描出子流域，如图 8.5 所示，共划分出 59 个子流域，面积在 0.65～53.63 km^2 之间，其中，编号为 1 的子流域面积最大，编号为 36 的子流域面积最小。子流域出湖口位于 2、10、17、23、41、42、43、44、45、47、48、51 以及 52 子流域。

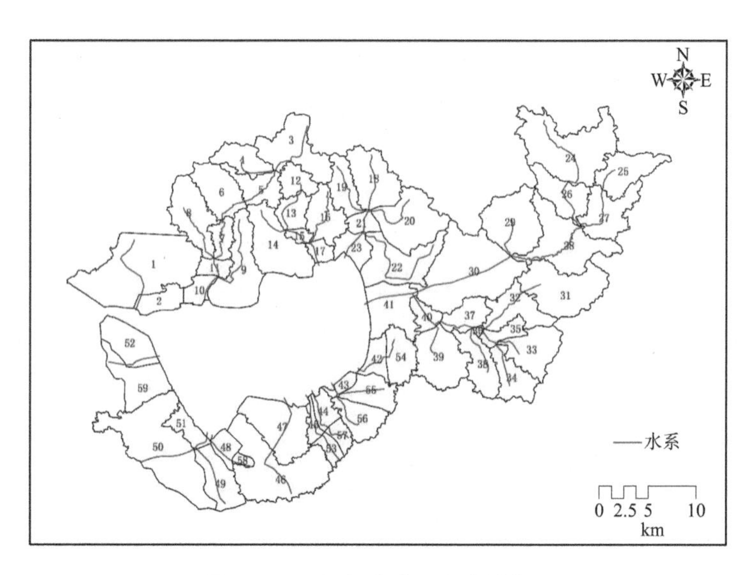

图 8.5 石臼湖流域子流域划分图

8.1.2.2 土地利用数据库

马鞍山片区土地利用数据采用的是清华大学加工生产的包括 2017 年全球土地覆盖的空间分布数据，类型包含 10 类。而溧水高淳片区的土地利用分类数据采用收集到的南京市土地利用分类数据。将两市数据合并后对 SWAT 模型的土地利用分类数据进行重分类，如表 8.1、表 8.2 和图 8.6 所示。

表 8.1 土地利用分类表

Name	Code	类型
Cropland	1	农田
Forest	2	森林
Grassland	3	草地
Shrubland	4	灌丛
Wetland	5	湿地
Water	6	水体
Tundra	7	苔原
Impervious surface	8	不透水层
Bareland	9	裸地
Snow/Ice	10	冰雪

表 8.2 模型土地利用分类信息

名称	编码	面积(km^2)	占比(%)
Agricultural Land-Generic	AGRL	235.64	25.06
Forest-Mixed	FRST	142.41	15.15
Pasture	PAST	15.21	1.62
Wetlands-Mixed	WETL	1.67	0.18
Water	WATR	206.07	21.91
Residential-Med/Low Density	URML	60.47	6.43
Barren	BARR	1.25	0.13
Rice	RICE	219.23	23.31
Orchard	ORCD	8.54	0.91
Residential	URBN	7.84	0.83
Industrial	UIDU	41.99	4.47

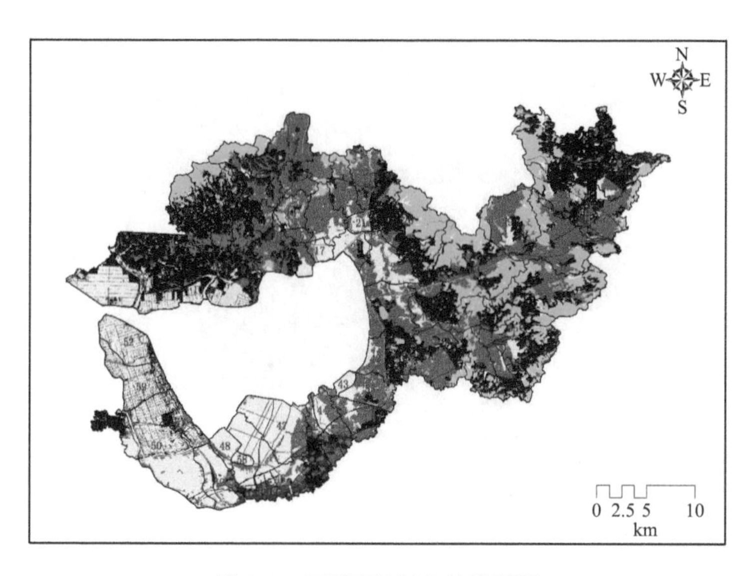

图 8.6 石臼湖流域土地类型图

8.1.2.3 土壤空间数据

本书土壤数据来自世界土壤数据库(Harmonized World Soil Database version 1.1,HWSD),采用 FAO－90 土壤分类系统,采用 UTM/WGS84 投影,空间分辨率为 1 km,数据类型为 GRID。经过重新计算分类,转为 SWAT 模型中支持的土壤类型。

表 8.3 模型土壤类型分类信息

名称	编码	面积(km^2)	占比(%)
潮土	CHAOTU	3.62	34.00
粗骨土	CUGUTU	0.19	1.77
黄褐土	HUANGHETU	9.46	88.97
黄棕壤	HUANGZONGRANG	15.56	146.31
粘盘黄褐土	NIANPANHHT	2.35	22.10
潜育水稻土	QIANYUSDT	1.31	12.34
渗育水稻土	SHENYUSDT	33.91	318.85
水稻土	SHUIDAOTU	23.73	223.16
脱潜水稻土	TUOQIANSDT	2.74	25.76
水体	WATER	6.52	61.28
沼泽土	ZHAOZETU	0.62	5.79

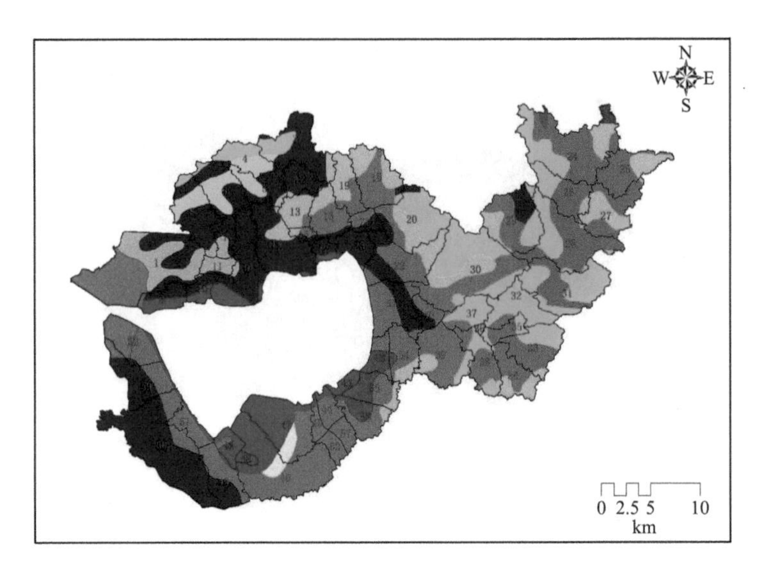

图 8.7 石臼湖流域土壤类型图

8.1.2.4 气象数据库

气象数据来源于中国气象数据网以及水文年鉴，包括气象台站基本信息(经纬度、高程)、降雨量、最高和最低气温、相对湿度、平均风速、太阳辐射数据。收集数据时间为 2013 年至 2021 年。

8.1.2.5 排污口

南京片区石臼湖流域内共有 3 个工业集中区，包括 1 个市重点园区(和凤镇工业园区)和 2 个区级工业园区(洪蓝镇工业园区、白马镇工业园区)。和凤镇工业以机电、轻纺、食品及新材料为主导，洪蓝镇以机械加工类企业为主，白马镇工业以农业机械和食品加工为主。溧水区石臼湖流域共有重点工业企业 29 家。

目前，南京和马鞍山境内石臼湖流域范围各镇建成区均建成了污水处理厂(见表 8.4)和提升泵站，对工业和周边的生活污水进行日常处理。

表 8.4 污水处理厂建设情况

序号	项目名称	项目规模(万 t/d)
1	白马生活污水处理厂	0.5
2	洪蓝镇污水处理厂	0.2
3	和凤污水处理厂	0.2
4	晶桥污水处理厂	0.2
5	石湫污水处理厂	0.2

续表

序号	项目名称	项目规模(万 t/d)
6	古柏街道污水处理厂	0.1
7	博望东区污水处理厂	1

石臼湖流域南京片城镇生活污水处理率约为 90%，即 90%城镇生活污水经污水处理设施处理后排放，污染物排放量按照一级 B 标准核算；其他 10%没有进入城镇污水管网的生活污水直接排放，排放量按产生量核算。马鞍山的博望东区污水处理厂污染物排放标准为一级 A 标准。

8.1.2.6　农业管理措施

将石臼湖区域农作物概化为水稻和冬麦，这里参照农业部春季主要农作物科学施肥指导意见，设置水稻和小麦的播种、施肥、灌溉以及收割等管理措施(图 8.8、图 8.9)。

冬麦按照以下措施：

① 10 月 10 日，施基肥，尿素 150 kg/hm^2，磷肥 51.75 kg/hm^2；

② 10 月 12 日，播种；

③ 10 月 12 日，自动灌溉；

④ 3 月 10 日，起身期，追肥，施用尿素 150 kg/hm^2；

⑤ 6 月 30 日，收割。

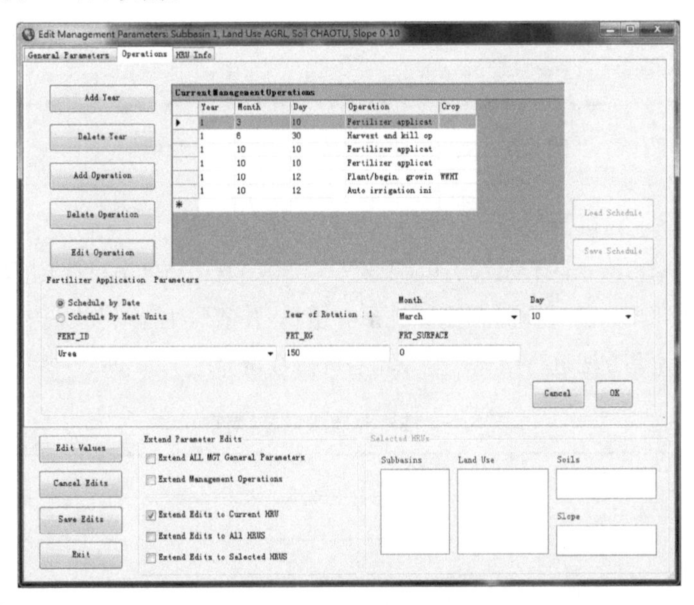

图 8.8　模型农业施肥管理措施设置(冬麦)

水稻按照以下措施：

① 6 月 8 日，施基肥，氮肥 112.5 kg/hm^2，磷肥 26.25 kg/hm^2；

② 6 月 10 日，播种；

③ 6 月 10 日，自动灌溉；

④ 7 月 5 日，第一次追氮肥 56.25 kg/hm^2；

⑤ 8 月 5 日，第二次追氮肥 56.25 kg/hm^2；

⑥ 11 月 10 日，收割。

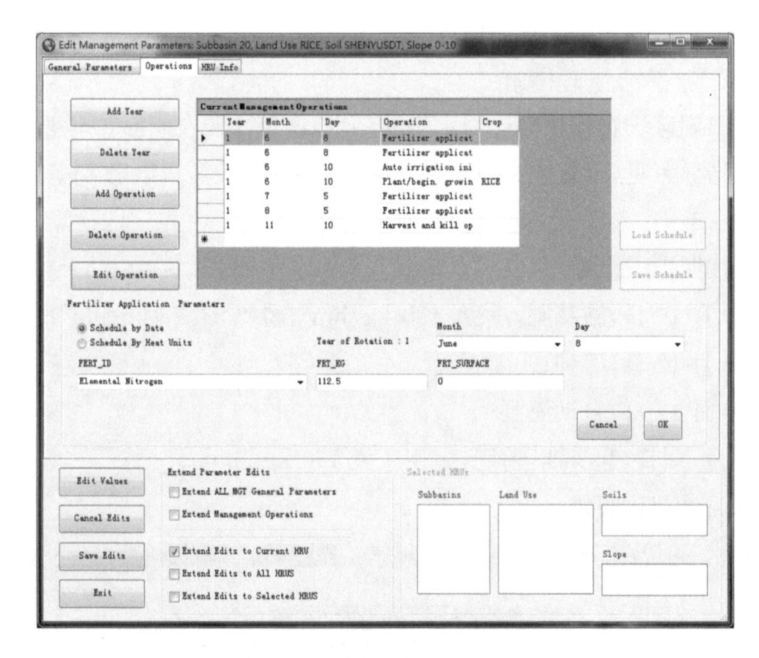

图 8.9　模型农业施肥管理措施设置(水稻)

8.1.2.7　牲畜养殖

根据南京市溧水区养殖场名单(规模及非规模)、石臼湖(南京片)生态环境保护规划(2016—2020)，统计石臼湖流域牲畜养殖量，并依照生态环境保护规划中对牲畜产污量的计算方法进行核算。南京市各片区牲畜养殖量如表 8.5 所示。

表 8.5　牲畜养殖量汇总(南京)

<table>
<tr><td rowspan="4">白马镇</td><td>猪(头)</td><td>578</td></tr>
<tr><td>鸡(只)</td><td>360 000</td></tr>
<tr><td>羊(只)</td><td>200</td></tr>
<tr><td>鸭(只)</td><td>44 100</td></tr>
</table>

续表

洪蓝镇	猪(头)	2 864
	鸡(只)	906 300
	鸭(只)	95 600
	羊(只)	138
和凤镇	猪(头)	1 861
	鸡(只)	161 450
	鸭(只)	403 114
	羊(只)	45
晶桥镇	猪(头)	4 234
	鸡(只)	34 900
	鸭(只)	405 900
石湫镇	猪(头)	652
	鸡(只)	1 133 797
	鸭(只)	21 200
	羊(只)	1 154
	牛(头)	68
高淳区	猪(头)	6 000
	鸡(只)	349 200

将畜禽养殖量换算成猪，换算关系如下：45 只家禽折合为 1 头猪(30 只蛋鸡折算 1 头猪，60 只肉鸡折算 1 头猪)，3 只羊折合为 1 头猪，5 头猪折合为 1 头牛。

参照《〈全国饮用水水源地环境保护规划〉技术培训讲义》《农业技术经济手册》源强系数的确定，按分散式畜禽养殖污染负荷计算，猪的粪尿排泄系数及污染物平均含量见表 8.6 和表 8.7。

表 8.6　猪粪尿排泄系数

项目	单位	排泄量
粪	kg/d	2
	kg/a	300
尿	kg/d	3
	kg/a	495
饲养周期	d	150

表 8.7　畜禽粪便中污染物平均含量　单位:kg/t

项目	COD	氨氮	总氮	总磷
猪粪	52.0	3.1	5.9	3.4
猪尿	9.0	1.4	3.3	0.5

年排粪(尿)总量=出栏量×日排放系数×饲养周期+存栏量×日排放系数×365。

石臼湖南京片畜禽粪尿综合利用率约为89%,因此以11 %作为排放系数计算畜禽养殖的排污量;马鞍山片区牲畜产污量参考马鞍山石臼湖“一湖一策”实施方案中的产污量。因此,石臼湖流域畜禽养殖产污量如表 8.8 所示。

表 8.8　畜禽产污量

	总氮(kg/a)	总磷(kg/a)	氨氮(kg/a)	COD(kg/a)
白马镇	12 371.44	4 607.26	5 899.47	72 898.24
洪蓝镇	32 358.94	12 050.82	15 430.75	190 673.89
和凤镇	18 537.70	6 903.64	8 839.93	109 232.73
晶桥镇	18 033.43	6 715.84	8 599.46	106 261.33
石湫镇	34 761.10	12 945.41	16 576.25	204 828.54
高淳区	17 686.95	6 586.81	8 434.23	104 219.68
博望区	140 003.00	760.00	5 610.00	7 181.00

8.1.2.8　社会人口

1) 城镇生活污染

参考《全国水环境容量核定技术指南》中人均产污系数的推荐值并结合区域内城镇的特点,确定城镇人均产污系数为化学需氧量(COD)0.06 kg/(人·d),氨氮(NH_3-N)0.005 (kg/人·d),总氮(TN)0.009 g/(人·d),总磷(TP)0.001 2 g/(人·d)。

由于城镇生活污水大部分接入污水处理厂,所以按照直接排放量的 10%计算,石臼湖流域(南京片)没有进入城镇污水管网,直接排放到周边环境的城镇污染物排放量如表 8.9 所示。

石臼湖流域马鞍山城镇生活污染排放量为总氮 34.00 kg/d,总磷2.43 kg/d,氨氮 27.21 kg/d,COD 200.60 kg/d。参考《全国水环境容量核定技术指南》中人均产污系数的推荐值并结合区域内城镇的特点,确定城镇人均产污系数为 COD 0.016 4 kg/(人·d),氨氮 0.004 kg/(人·d),总氮0.005 g/(人·d),总磷 0.000 44 kg/(人·d)。

表 8.9 城镇生活产污量

城镇	TN(kg/d)	TP(kg/d)	NH_3-N(kg/d)	COD(kg/d)
白马镇	8.83	1.18	4.91	58.87
洪蓝镇	7.00	0.93	3.89	46.69
和凤镇	10.62	1.42	5.90	70.79
晶桥镇	6.81	0.91	3.78	45.37
石湫镇	12.00	1.60	6.67	80.03
古柏镇	6.97	0.93	3.87	46.45
马鞍山市	34.00	2.43	27.21	200.60

2）农村生活污染

石臼湖流域（南京片）农业污水接管率约为30%，处理的污水按照一级B标准，70%的污水为直排。所以，污染物总排放量如表8.10所示。

石臼湖流域马鞍山农村生活污染排放量为总氮 54.19kg/d，总磷 4.88 kg/d，氨氮 43.34 kg/d，COD 为 433.45 kg/d。

表 8.10 农村生活产污量

城镇	TN(kg/d)	TP(kg/d)	NH_3-N(kg/d)	COD(kg/d)
白马镇	124.95	10.39	93.67	405.45
洪蓝镇	157.57	13.11	118.11	511.26
和凤镇	161.65	13.44	121.17	524.52
晶桥镇	126.99	10.56	95.19	412.03
石湫镇	71.24	5.93	53.41	231.15
淳溪镇	54.98	4.58	41.22	178.43
古柏镇	126.31	10.52	94.67	409.81
马鞍山市	54.19	4.88	43.34	433.45

8.1.2.9 SWAT 模型点源污染设置

模型中将排污口、牲畜养殖排污量、社会人口产污量等概化成点源污染进行设置。结合区域实际，经污水处理设施处理后的城镇生活污水、工业废水入河量系数为0.3，城镇和农村生活污水直排部分的入河系数取0.2，畜禽养殖取0.3。

8.1.3 SWAT 模型敏感性分析

本书采用 SWAT－CUP 软件进行敏感性分析。根据研究经验以及前人的研究结果[79-81]，选取了15个参数对流量数据进行率定验证（表8.11）。

表 8.11 模型流量率定参数

v__ALPHA_BF. gw	基流 Alpha 系数
v__CH_K2. rte	河道水力传导系数
v__CH_N2. rte	主河道的曼宁系数 n 值
v__RCHRG_DP. gw	深层含水层的渗透系数
v__CANMX. hru	最大冠层蓄水量(mm)
v__CN2. mgt	径流曲线系数
v__SOL_AWC(1). sol	上层的有效含水量(mm/mm)
v__SOL_K(1). sol	饱和渗透系数(mm/hm^2)
v__GWQMN. gw	浅层含水层产流阈值(mm)
v__REVAPMN. gw	渗透到深层含水层的阈值深度(mm)
v__GW_DELAY. gw	地下水滞后系数
v__SURLAG. bsn	地表位流滞后系数
v__ESCO. bsn	土壤蒸发补偿因子
v__EPCO. hru	植物吸收补偿因子
v__SPEXP. bsn	河道输沙过程携沙计算指数

选取了 15 个参数对总氮、总磷、氨氮以及 COD 数据进行率定验证(表 8.12)。

表 8.12 模型水质率定参数

v__NPERCO. bsn	氮渗透系数
v__RS4. swq	20℃时河流有机氮沉积速率系数
v__RSDCO. bsn	残余物降解系数
v__BIOMIX. mgt	生物混合效率
v__PPERCO. bsn	磷渗透系数
v__PHOSKD. bsn	磷土壤分离系数
v__ORGN_CON. hru	城市污水处理后径流中有机氮的浓度
v__ORGP_CON. hru	城市污水处理后径流中有机磷的浓度
v__ERORGN. hru	有机氮富集比
v__ERORGP. hru	有机磷富集比
r__SOL_NO3(1). chm	土层 1 中的初始 NO_3 浓度
r__SOL_ORGN(1). chm	土层 1 中的初始 ORGN 浓度
r__SOL_ORGP(1). chm	土层 1 中的初始 ORGP 浓度
r__SDNCO. bsn	反硝化阈值含水量
r__CDN. bsn	反硝化速率系数

8.1.4 SWAT 模型率定验证

由于石臼湖流域缺少连续监测的流量数据，研究中采用具有监测数据的临近流域(位于相近降水等值线区域)，通过流域面积换算的方法获取模型中石臼湖流域内子流域的流量过程数据。采用的相近流域为安徽省宣城市广德县境内的汭水河上的誓节水文站的流量监测数据。

8.1.4.1 流量率定验证

流量率定验证数据选取 28 号和 47 号子流域进行，采用逐日流量数据，率定验证期为 2021 年。

率定结果如表 8.13 和图 8.10 表所示：

表 8.13 模型率定结果

子流域	相关系数	决定系数
28	0.71	0.51
47	0.63	0.40

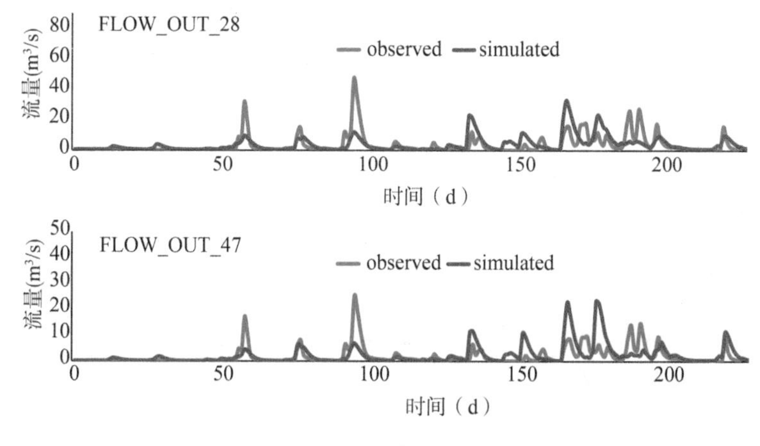

图 8.10 流量率定结果

8.1.4.2 水质率定验证

水质率定验证选取的是 47 号子流域，采用逐月数据，参数为 TN、TP、NH_3-N 和 COD，对应地面监测站为蛇山站。

TN 是指水体中各种形态无机和有机氮的总量，包括硝酸盐氮、亚硝酸盐氮和氨氮等无机氮以及蛋白质、氨基酸和有机胺等有机氮，以 mg/L 计算。在 SWAT 模型中，TN 含量用单位时间内地表径流氮负荷表示，需要结合直接径流量进行换算，以与实测的 TN 浓度匹配。

TP 是指水体中元素磷、正磷酸盐和有机团结合的磷酸盐等，以 mg/L 计算。在 SWAT 模型中，TP 含量用单位时间内地表径流磷负荷表示，需要结合直接径流量进行换算，以与实测的 TP 浓度匹配。

氨氮是指水中以游离氨(NH_3)和铵离子(NH_4^+)形式存在的氮。水中氨氮含量增高是指以氨或铵离子形式存在的化合氮含量增高，以 mg/L 计算。

COD 是以化学方法测量水样中需要被氧化的还原性物质的量，以 mg/L 计算。

率定结果如表 8.14、图 8.11 至图 8.14 所示：

表 8.14　水质率定结果

子流域	参数	相关系数	决定系数
47	NH_3-N	0.85	0.72
	COD	0.61	0.37
	TN	0.93	0.86
	TP	0.88	0.78

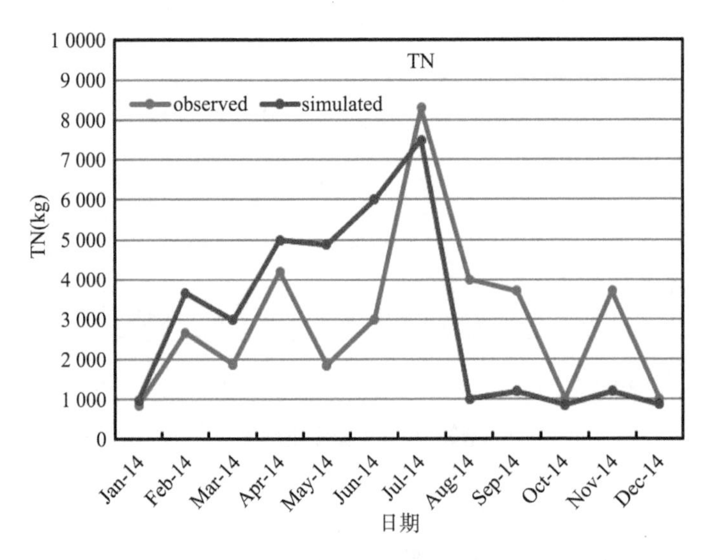

图 8.11　总氮率定结果

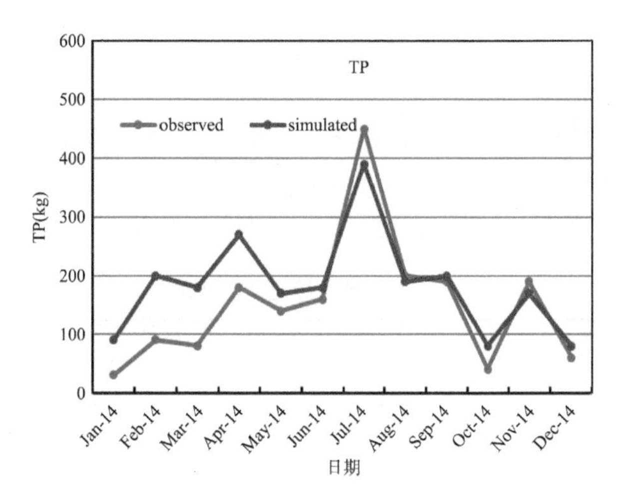

图 8.12　总磷率定结果

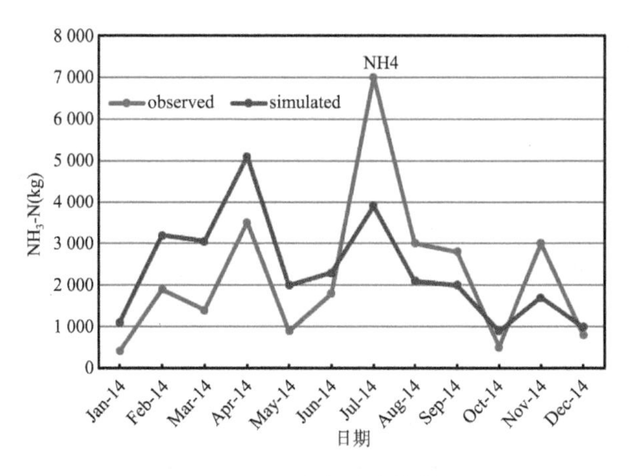

图 8.13　氨氮率定结果

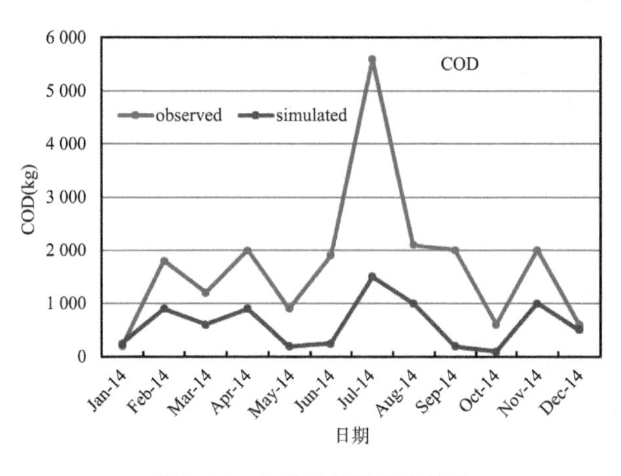

图 8.14　化学需氧量率定结果

8.1.5 SWAT 模型参数最终值

径流和营养物质的参数率定、模型率定验证的参数变化范围及最终值如表 8.15 所示，将参数最终值回代入 SWAT 模拟中，可分析非点源污染的时空分布特征，并预测不同管理措施对非点源污染特征的影响。

表 8.15 模型率定参数结果

率定参数	率定参数范围	确定值
v__ALPHA_BF. gw	0～0. 3	0. 757 393
v__CH_K2. rte	0. 025～150	271. 854 1
v__CH_N2. rte	0～0. 3	0. 188 812
v__RCHRG_DP. gw	0～1	1. 186 443
v__CANMX. hru	0～100	0. 026 112
v__CN2. mgt	35～98	33. 254 89
v__SOL_AWC(1). sol	0～1	0. 328 711
v__SOL_K(1). sol	0～1 000	1 376. 896
v__GWQMN. gw	0～5 000	8 013. 322
v__REVAPMN. gw	0～500	247. 713 9
v__GW_DELAY. gw	0～100	153. 629 3
v__SURLAG. bsn	1～10	2. 964 828
v__ESCO. bsn	0～1	0. 353 186
v__EPCO. hru	0. 01～1	0. 023 416
v__SPEXP. bsn	0～1. 5	1. 806 359
v__NPERCO. bsn	0～1	0. 88 571
v__RS4. swq	0. 001～0. 1	0. 098 019
v__RSDCO. bsn	0. 02～0. 1	0. 023 424
v__BIOMIX. mgt	0～1	0. 120 253
v__PPERCO. bsn	10～17. 5	12. 44 676
v__PHOSKD. bsn	100～200	117. 253 9
v__ORGN_CON. hru	0～100	58. 035 68
v__ORGP_CON. hru	0～50	13. 580 13
v__ERORGN. hru	0～5	2. 402 921
v__ERORGP. hru	0～5	0. 220 63
r__SOL_NO3(1). chm	0～100	56. 316 51

续表

率定参数	率定参数范围	确定值
r__SOL_ORGN(1). chm	0～100	8. 182 92
r__SOL_ORGP(1). chm	0～1 000	53. 358 8
r__SDNCO. bsn	0～1	0. 046 315
r__CDN. bsn	0～3	1. 259 863

8. 1. 6 污染源入湖量核算

通过构建的 SWAT 模型,结合流域降水资料,计算石臼湖流域入湖河流的污染负荷量(表 8. 16)。

表 8. 16 石臼湖入湖污染物负荷量

入湖河流	NH_3-N(t/a)	COD(t/a)	TN(t/a)	TP(t/a)
野风港	0. 963	79. 145	18. 488	0. 158
博望河	9. 216	175. 918	141. 972	9. 583
农坎河	6. 890	117. 305	89. 956	4. 446
天生桥河	7. 587	152. 563	102. 728	7. 156
新桥河	86. 468	343. 999	397. 447	9. 211
稽家河	1. 481	174. 154	19. 861	0. 941
黄家河	3. 686	211. 901	46. 278	1. 563
藕丝河	0. 355	53. 308	11. 584	0. 382
西山河	1. 373	147. 978	14. 287	0. 544
石固河	2. 500	23. 466	38. 266	1. 650
芦溪河	0. 482	8. 989	5. 847	0. 155
中流河	200. 039	1 285. 896	2 030. 096	73. 634
当涂沿岸	0. 408	66. 725	7. 393	0. 257
合计	321	2 841	2 924	110

中流河流入石臼湖的污染物负荷量中,氨氮入湖负荷为 200 t/a,占入湖总量的 62%, COD 为 1 286 t/a,占入湖总量的 45%,总氮为 2 030 t/a, 占入湖总量的 69%,总磷为 74 t/a, 占入湖总量的 67%。各个子流域的产污量空间分布情况见图 8. 15 至图 8. 18。

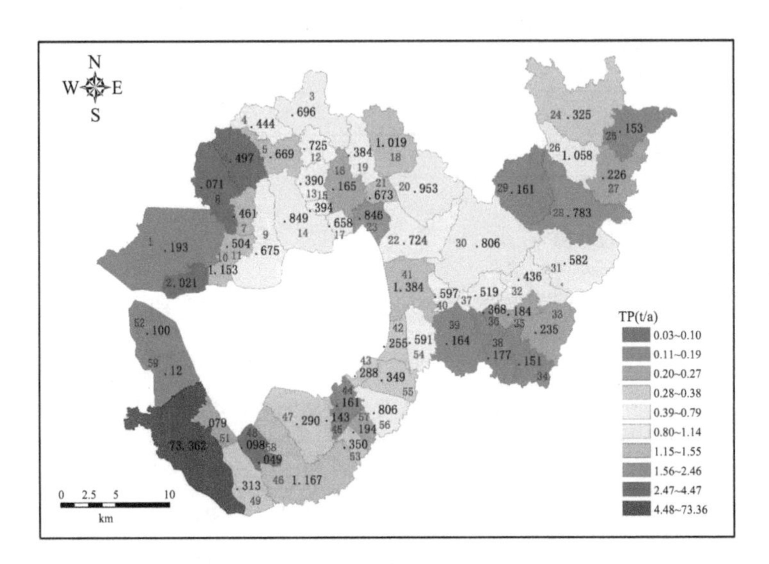

图 8.15 总磷年污染物负荷量空间分布

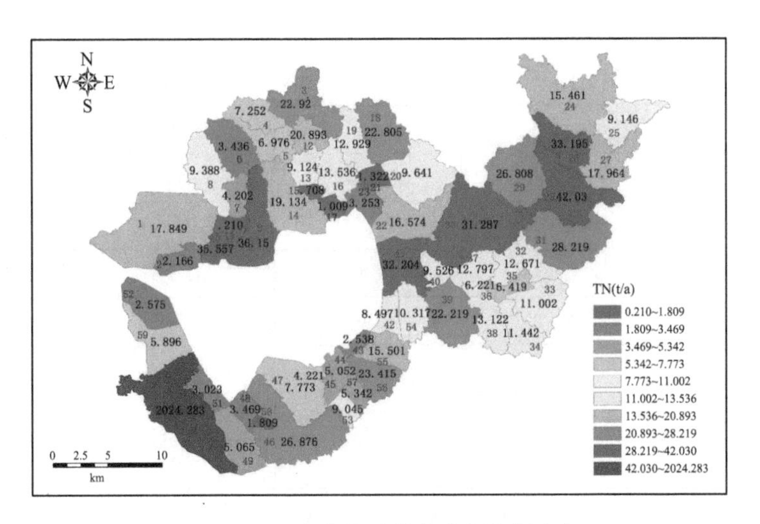

图 8.16 总氮年污染物负荷量空间分布

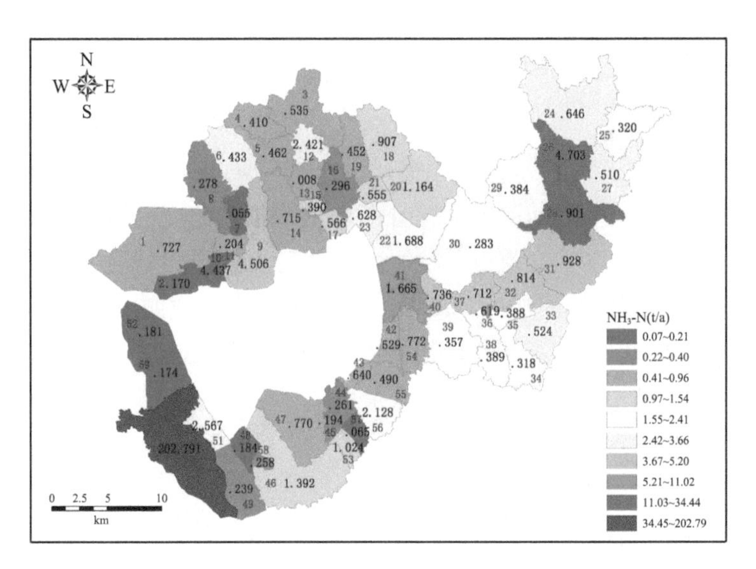

图 8.17 氨氮年污染物负荷量空间分布

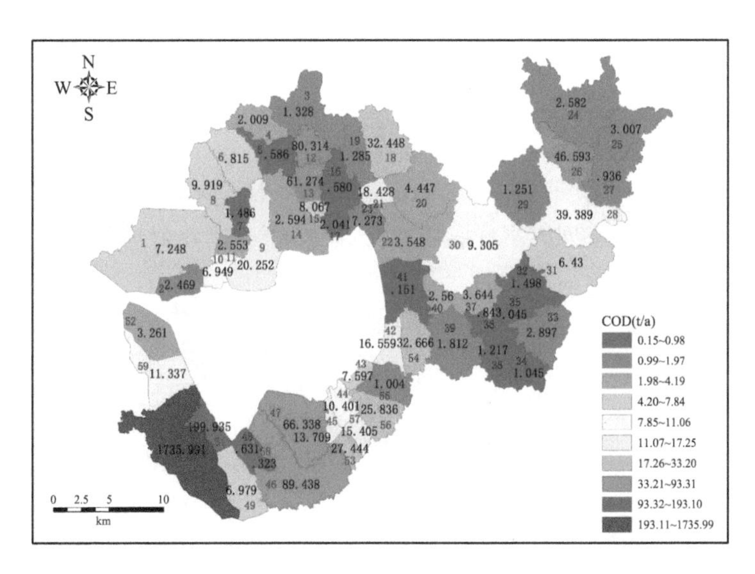

图 8.18 COD 年污染物负荷量空间分布

8.2 水动力与水质变化模拟研究

8.2.1 水动力模型原理

应用二维非恒定流浅水方程组描述石臼湖湖区水体流动。采用有限体积法对方程组进行数值求解,一方面保证了数值模拟的精度,另一方面使方程能模拟包括恒定、非恒定或急流、缓流的水流-水质状态[82]。

首先根据计算区域的地形和边界,采用任意三角形或四边形组成的无结构网格剖分计算区域,然后逐时段地用有限体积法对每一单元建立水量、动量和浓度平衡,从而模拟出石臼湖湖区的水流过程[83]。

1)模型基本原理

(1) 模型基本方程

二维浅水方程和对流-扩散方程的守恒形式[84],可表达为:

$$\begin{aligned} &\frac{\partial h}{\partial t}+\frac{\partial(hu)}{\partial x}+\frac{\partial(hv)}{\partial y}=0 \\ &\frac{\partial(hu)}{\partial t}+\frac{\partial(hu^2+gh^2/2)}{\partial x}+\frac{\partial(huv)}{\partial y}=gh(S_{0x}-S_{fx}) \\ &\frac{\partial(hv)}{\partial t}+\frac{\partial(huv)}{\partial x}+\frac{\partial(hv^2+gh^2/2)}{\partial y}=gh(S_{0y}-S_{fy}) \end{aligned} \tag{8.15}$$

式中:h 为水深;u、v 分别为 x、y 方向垂线平均水平流速分量;g 为重力加速度;S_{0x}、S_{fx} 分别为 x 向的水底底坡、摩阻坡度;S_{0y}、S_{fy} 分别为 y 向的水底底坡、摩阻坡度。

(2) 定解条件

初始条件

$$\begin{cases} u(t,h)\big|_{t=t_0}=u_0 \\ v(t,h)\big|_{t=t_0}=v_0 \end{cases} \tag{8.16}$$

式中:u_0、v_0 分别为初始流速在 x 和 y 方向上的分量,计算时取流速 $u_0=0$ 和 $v_0=0$;初始水位 h_0 可以根据实测资料给定。

(3) 边界条件

对石臼湖湖区各入湖河流边界处采用水位或流量过程控制方法。

2）离散求解方法

本书采用有限体积法对方程进行离散[85]，离散示意图见图 8.19：

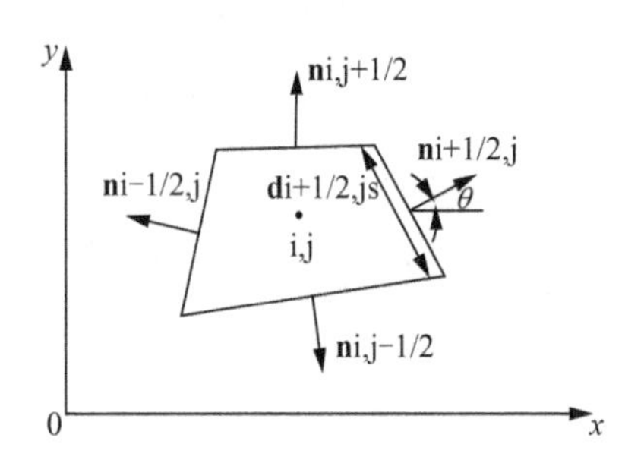

图 8.19　单元有限体积离散示意图

对控制体积分方程，应用 Gauss-Green 公式[86]，化为沿其周界的线积分，得：

$$\int_{\Omega}\frac{\partial U}{\partial t}\mathrm{d}\Omega=\int_{s}(En_x+Gn_y)\mathrm{d}s+\int_{\Omega}S\mathrm{d}\Omega \tag{8.17}$$

对于 m 边凸多边形，(8.17)式等号右边第一项可离散成 m 项之和，在数值上等于被积函数在控制体各边上的法向值与该边长度的乘积[87]，即

$$\int_{\Omega}\frac{\partial U}{\partial t}\mathrm{d}\Omega=\sum_{i=1}^{m}(E_n^i+G_n^i)L^i+\int_{\Omega}S\mathrm{d}\Omega \tag{8.18}$$

假定水力要素在各控制体内均匀分布，式(8.18)可以写成如下的离散形式：

$$A\frac{\partial U}{\partial t}=\sum_{i=1}^{m}(E_n^i+G_n^i)L^i+AS \tag{8.19}$$

由式(8.19)易知，由于只需知道边长及其方向，易用于无结构网格中。可利用欧拉方程的旋转不变性，使计算过程类似于一维问题：

$$F_n(U)=E(U)\cos\theta+G(U)\sin\theta \tag{8.20}$$

式中：$F_n(U)$ 为 $E(U)$ 和 $G(U)$ 投影到法向的通量，式(8.20)写成：

$$A\frac{\partial U}{\partial t}=\sum_{i=1}^{m}F_n^i(U)L^i+AS \tag{8.21}$$

由于 $E(U)$ 与 $G(U)$ 的旋转不变性，因此 $E(U)$ 与 $G(U)$ 在法向上的投

影，可以转换为先投影 U 到法向上，即满足关系：

$$\boldsymbol{T}(\theta)F_n(U)=F[\boldsymbol{T}(\theta)U]=F(\bar{U})\text{ 或 }F_n(U)=\boldsymbol{T}^{-1}(\theta)F(\bar{U}) \tag{8.22}$$

旋转矩阵 $\boldsymbol{T}(\theta)$ 和旋转逆矩阵 $\boldsymbol{T}^{-1}(\theta)$ 分别为：

$$\boldsymbol{T}(\theta)=\begin{bmatrix}1 & 0 & 0\\ 0 & \cos\theta & \sin\theta\\ 0 & -\sin\theta & \cos\theta\end{bmatrix} \tag{8.23}$$

$$\boldsymbol{T}^{-1}(\theta)=\begin{bmatrix}1 & 0 & 0\\ 0 & \cos\theta & -\sin\theta\\ 0 & \sin\theta & \cos\theta\end{bmatrix} \tag{8.24}$$

把式(8.23)代入式(8.21)中，便得无结构网格有限体积离散的基本方程[88]：

$$A\frac{\partial U}{\partial t}=\sum_{i=1}^{m}\boldsymbol{T}^{-1}(\theta)F(\bar{U})^{i}L^{i}+AS \tag{8.25}$$

常用形式的 FVM 方程[87]为：

$$A(U^{n+1}-U^{n})=\Delta t\Big[\sum_{i=1}^{m}\boldsymbol{T}^{-1}(\theta)F(\bar{U})^{i}L^{i}+AS\Big] \tag{8.26}$$

式(8.26)左边表示控制体内守恒变量在 Δt 内的变化，右边第一项表示沿第 i 边法向输出的平均通量乘以相应边长，第二项表示控制体内源项（入流及外力）在 Δt 内的作用。这反映了守恒物理量的守恒原理：守恒物理量在控制体内随时间的变化量等于各边法向数值通量的时间变化量和源项的时间变化量。二维问题的求解转化为沿 m 边法向分别求解一维问题的法向数值通量，并进行相应投影[89]。

由于控制体单元界面两侧的 U 或 $\bar{U}$ 值可能不同，即存在 U 或 $\bar{U}$ 值不连续的现象，就存在估计计算单元边界法向通量 $F(\bar{U})$ 的问题。本书采用 Osher 格式[90]计算 $F(\bar{U})$ 。

8.2.2 水质模型原理

1）水质模型基本方程

石臼湖湖区污染物扩散应用二维对流-扩散方程[91]描述。方程式如下：

$$\frac{\partial(hC_i)}{\partial t}+\frac{\partial(huC_i)}{\partial x}+\frac{\partial(hvC_i)}{\partial y}=\frac{\partial}{\partial x}(D_x h\frac{\partial C_i}{\partial x})+\frac{\partial}{\partial y}(D_y h\frac{\partial C_i}{\partial y})+S_i \tag{8.27}$$

式中：C_i 为污染物（COD_{Mn}、BOD、NH_3-N、DO、TP、TN）的垂线平均浓度，S_i 为各污染物源汇项。

① 初始条件：初始的污染物浓度 C_0，采用实测数据代入。

② 水质边界：

a）开边界，石臼湖湖区各入湖河流边界处污染物随着水流进出该边界，在入流边界给定污染物浓度过程 $C_i(t)$，在出流边界处给定污染物浓度梯度 $d(C_i)/d_n$；

b）点源污染，如果石臼湖湖区周边地区有相关的工业废水和生活污水，通常给出污水排放速率（kg/s）。

2）源汇变化过程

水质变化过程可以拆分为 2 个子过程：对流扩散过程和源汇变化过程。其中，源汇变化过程是水质模型研究的重点，它描述了水质组分之间复杂的相互作用。图 8.20 展示了水体常规水质组分之间的相互作用关系，图中各水质组分的名称见表 8.17。

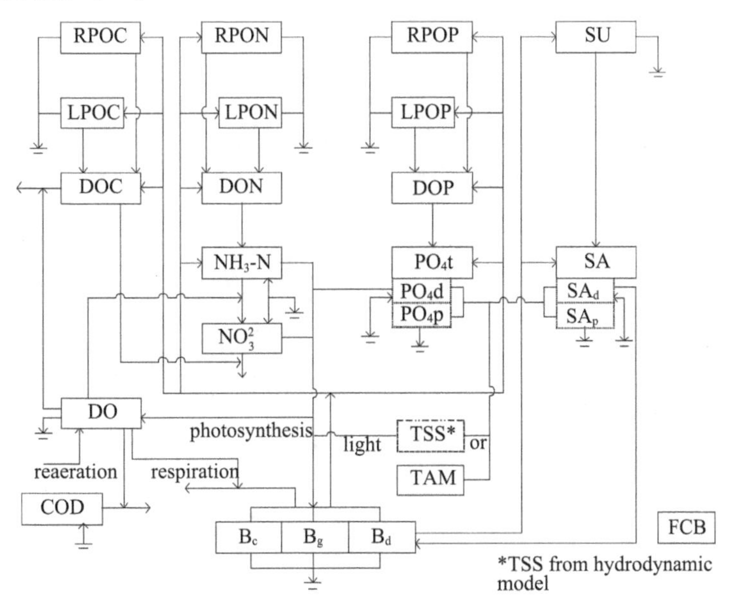

图 8.20　常规水质组分之间的相互作用关系

表 8.17　常规水质组分名称

分类	名称	分类	名称
藻类	蓝藻(B_c)	磷	惰性颗粒有机磷(RPOP)
	硅藻(B_d)		活性颗粒有机磷(LPOP)
	绿藻(B_g)		溶解性有机磷(DOP)
有机碳	惰性颗粒有机碳(RPOC)		总磷(PO_4t)
	活性颗粒有机碳(LPOC)	硅	颗粒生物硅(SU)
	溶解性有机碳(DOC)		可用硅(SA)
氮	惰性颗粒有机氮(RPON)	其他	化学需氧量(COD)
	活性颗粒有机氮(LPON)		溶解氧(DO)
	溶解性有机氮(DON)		总悬浮物(TSS)
	氨氮(NH_3-N)		总活性金属(TAM)
	硝氮(NO_3^2)		—

根据石臼湖湖区已有的水质监测结果，应重点关注的污染物为总磷、总氮。图 8.21 展示了水体内部氮循环的生化过程[92]；图 8.22 展示了水体内部磷循环的生化过程[93]；图 8.23 展示了总磷/总氮的源汇变化过程[94]。

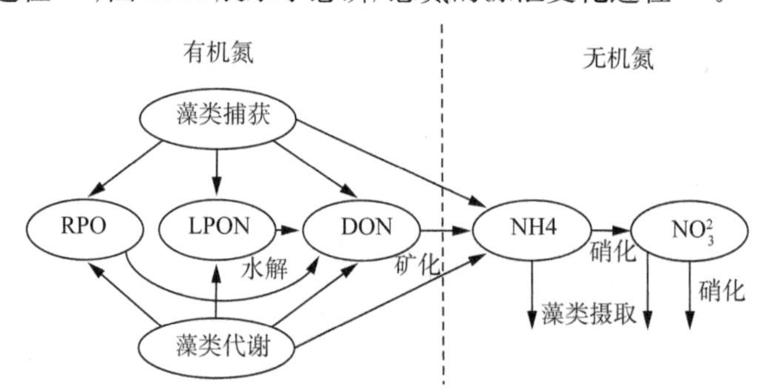

图 8.21　水体中氮循环过程

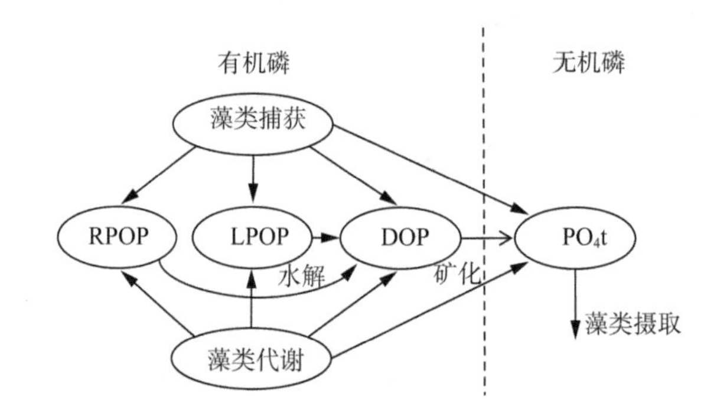

图 8.22　水体中磷循环过程

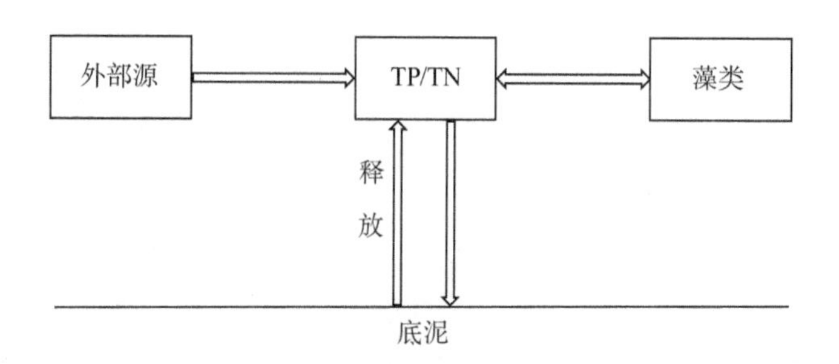

图 8.23 TP/TN 的源汇变化过程

从图 8.23 可以看出，除去外部源汇变化外，水体中的 TP/TN 主要和底泥、藻类发生交换。本书主要考虑 TP/TN 综合降解系数，TP/TN 的源汇变化过程可用式(8.28)描述。

$$\frac{\partial \mathrm{TP/TN}}{\partial t} = -K_{\mathrm{TP/TN}}\mathrm{TP/TN} + Q_{\mathrm{TP/TN}} \tag{8.28}$$

式中：$K_{\mathrm{TP/TN}}$ K_{TP} 为 TP/TN 的综合降解系数(1/d)；

$Q_{\mathrm{TP/TN}}$ 为 TP/TN 的外部源汇量[g/(m^3 · d)]。

TP/TN 的综合降解系数均与水温有关，水温越高、活性越强，采用 Arrhenius 经验公式[95]（即速率常数与温度之间的关系式）来描述上述反应系数与水温之间的关系，以 20℃为中心(20℃时值为 1)，随温度升高而增加，反之亦反。Arrhenius 公式如下：

$$F(T) = \theta \wedge (T - 20) \tag{8.29}$$

8.2.3 模型建立

8.2.3.1 模型范围

在区域污染源核算的基础上，以石臼湖湖区为主要研究范围，构建湖区的二维水动力、水质数学模型。

8.2.3.2 网格和地形

采用三角形网格对计算区域进行划分：网格尺寸在 10～30 m 之间，共计 4 597 个网格单元(图 8.24)；地形上采用实测水下地形资料对模型进行概化(图 8.25)。

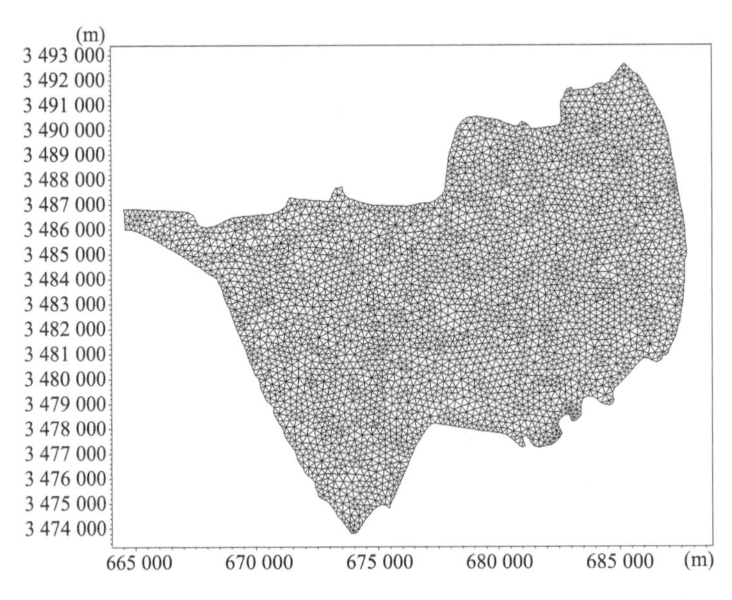

图 8.24 模型网格图

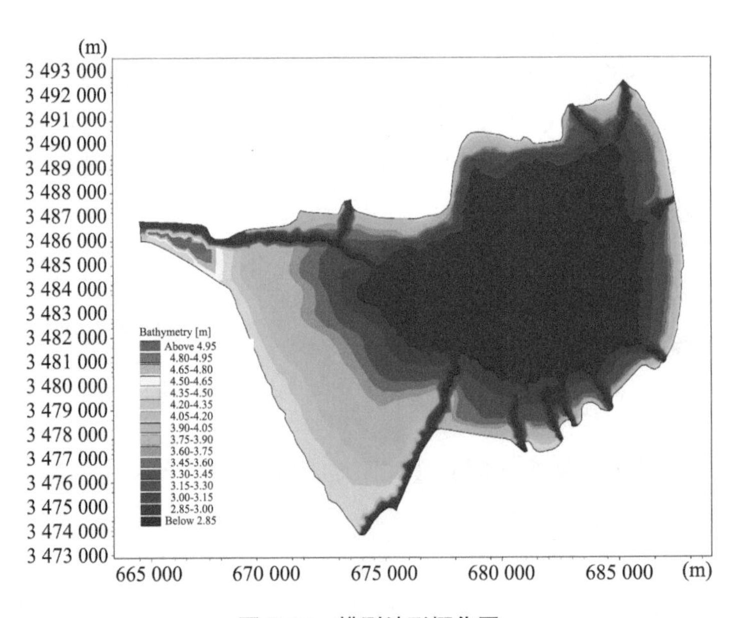

图 8.25 模型地形概化图

8.2.3.3 边界条件

石臼湖出入湖主要包括周边的野风港、博望河、农坎河、天生桥河、新桥河、稽家河、黄家河、藕丝河、西山河、石固河、芦溪河、中流河以及姑溪河等 13 条河流。其中，姑溪河是石臼湖唯一的出湖通江河道。此外，在当涂县石臼湖沿岸分布了部分泵闸，也存在一定的入流，本研究将其概化成 2 个入湖口（图 8.26）。

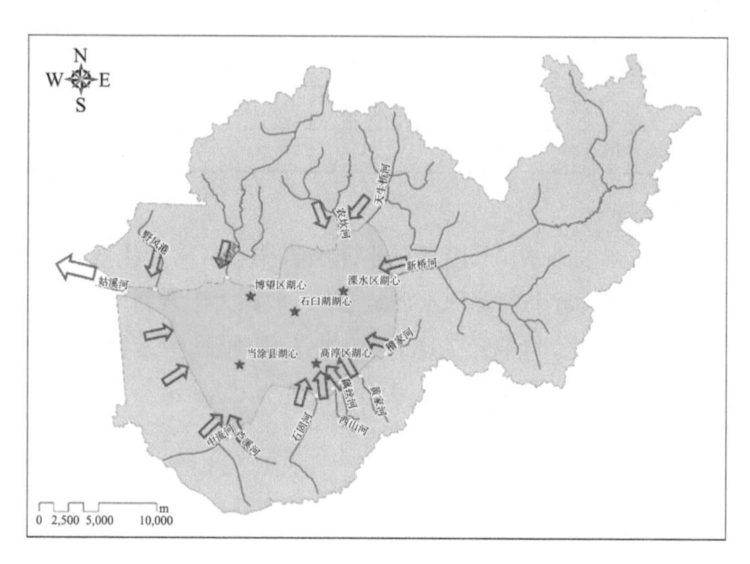

图 8.26 模型边界概化图

1）水动力边界条件

水动力模型选取上游流量控制、下游水位控制的边界条件。

（1）上游边界条件

上游为 12 条主要入湖河道以及当涂县泵闸入口概化的 2 条入河通道的流量过程。

（2）下边界条件

下游为蛇山站水位站的水位变化过程。

2）水质边界条件

水质边界条件：根据石臼湖周边污染源调查，通过 SWAT 模型计算出入河通道的污染负荷量，进而结合流量转换为入湖污染负荷过程，包括野风港、博望河、农坎河、天生桥河、新桥河、稽家河、黄家河、藕丝河、西山河、石固河、芦溪河、中流河以及当涂 1 和当涂 2。

现状方案根据构建的 SWAT 模型计算得到的石臼湖入湖河流的水质状况，给定的总氮、总磷月平均浓度如表 8.18 所示：

表 8.18 石臼湖入湖河流总氮、总磷月平均浓度

入湖河道	野风港	当涂	博望河	中流河	芦溪河	石固河	西山河
TN(mg/L)	0.426	0.363	1.131	2.112	0.956	1.064	3.037
TP(mg/L)	0.01	0.016	0.016	0.065	0.061	0.037	0.056

入湖河道	农坎河	藕丝河	黄家河	天生桥河	稽家河	新桥河
TN(mg/L)	1.440	1.337	2.457	1.247	1.452	1.858
TP(mg/L)	0.131	0.086	0.165	0.130	0.147	0.061

3）动边界条件

为了反映水边线的变化，采用富裕水深法根据水位的变化连续不断地修正水边线，在计算中判断每个单元的水深，当单元水深大于富裕水深时，将单元开放，作为计算水域，反之，将单元关闭，置流速于零，模型中设置其干湿单元，其中完全干单元设置为 0.005 m，完全湿单元设置为 0.10 m。

8.2.4 模型参数设定

8.2.4.1 计算条件及模型参数

模型采用 2021 年石臼湖的实测水质资料对参数进行率定检验工作。14 条入湖河道的径流量通过 SWAT 模型计算得到，入湖污染物负荷过程也通过 SWAT 模型计算获取。石臼湖水位边界为 2021 年 2 月平均水位 4.685 m（吴淞基面）。石臼湖 2 月流量上边界、逐日总磷、逐日总氮如图 8.27 至图 8.29 所示。

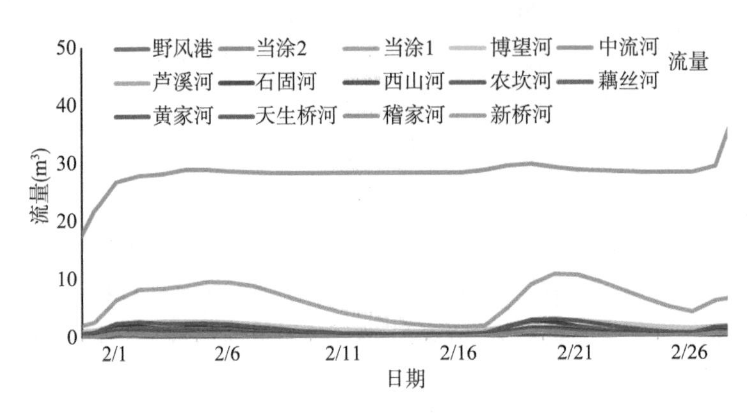

图 8.27 石臼湖 2 月流量上边界

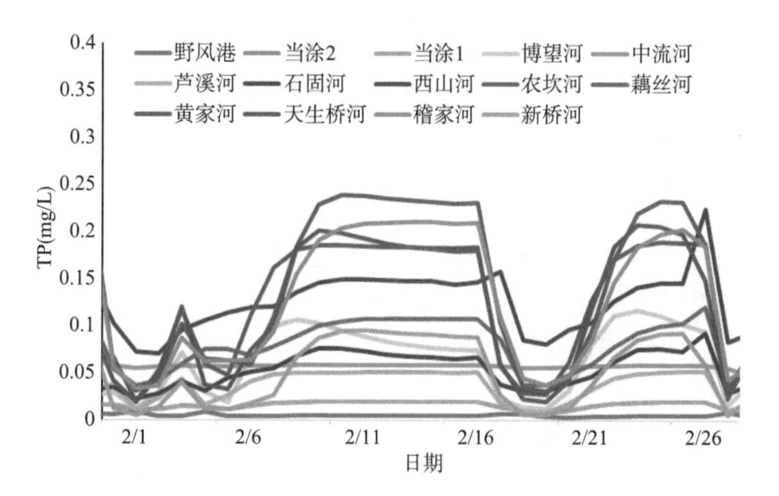

图 8.28　石臼湖 2 月逐日总磷过程

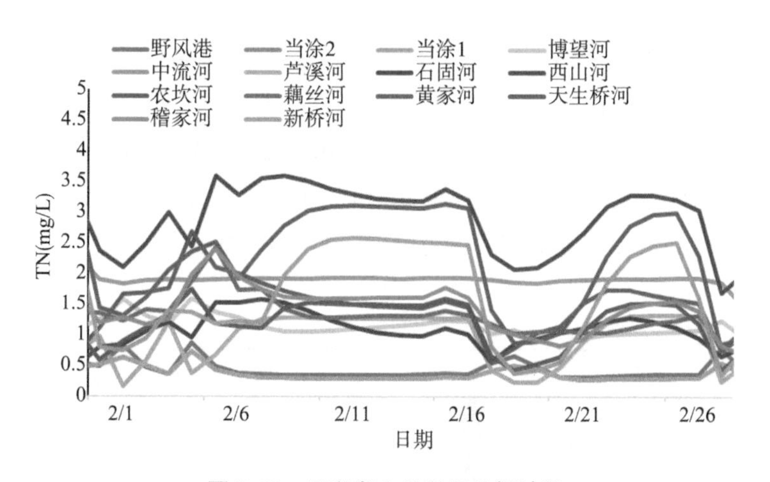

图 8.29　石臼湖 2 月逐日总氮过程

模型糙率的取值范围为 0.023～0.028，主槽和滩地略有不同；紊动黏滞系数通过 Smagorinsky 方程[96]进行求解获得；污染物降解系数参考相关研究[97-99]以及模型率定检验结果，总磷、总氮降解系数取值分别为 0.002/d，0.03/d(表 8.19)，考虑不同水温条件对降解系数的影响，其总磷降解温度系数取值为 1.073，总氮降解系数温度系数取值为 1.043，总磷底泥释放系数为 0.000 3 g/(m^2 · d)，总氮底泥释放系数为 0.02 g/(m^2 · d)。

表 8.19　水质模型参数表

主要参数	值
总磷降解系数	0.002/d
总磷底泥释放系数	0.000 3 g/(m^2·d)
总磷降解温度系数	1.073
总磷底泥释放温度系数	1.043
总氮降解系数	0.03 /d
总氮底泥释放系数	0.02 g/(m^2·d)
总氮降解温度系数	1.043
总氮底泥释放温度系数	1.043

8.2.4.2　模型参数率定结果

图 8.30 和图 8.31 分别给出了 2021 年 2 月石臼湖湖心区、溧水湖心区、高淳湖心区、博望湖心区以及当涂湖心区五个湖区总磷、总氮浓度的实测值与计算值对比结果。从结果可以看出，各湖区总磷浓度除了溧水区模拟值比实测值偏小外，其余区域均与实测值基本一致，总氮浓度在溧水湖心模拟值比实测值偏小，当涂湖心模拟值比实测值偏大，其余湖区各监测断面均与实测值基本一致。模型基本能反映湖区水质的空间分布情况。

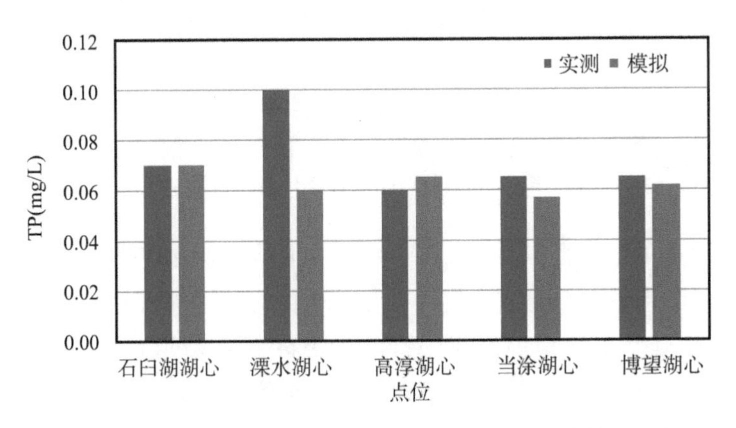

图 8.30　2021 年石臼湖各站点总磷浓度实测值与计算值对比

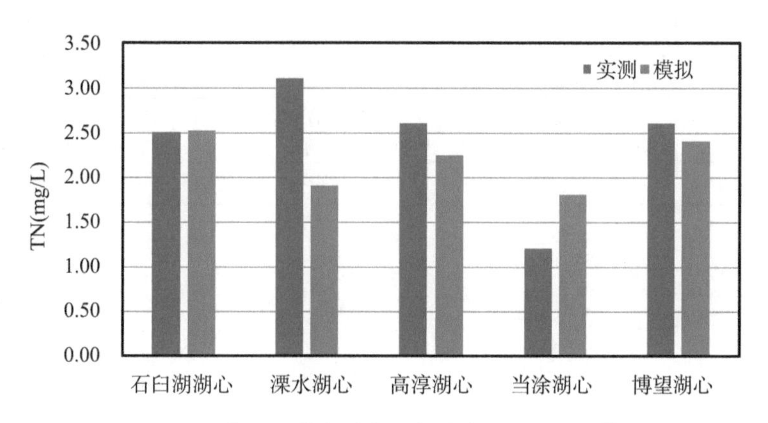

图 8.31 2021 年石臼湖各站点总氮浓度实测值与计算值对比

8.2.5 计算结果与分析

8.2.5.1 计算条件

本书设置了两组计算方案，首先是现状方案，以模拟在最不利水文条件下的石臼湖水质状况；其次是达标方案，以现状入流水质浓度为基础，针对不同入流污染物负荷量以及其影响情况，设置不同的削减系数[100-105]，以满足石臼湖断面达标的要求。

8.2.5.2 计算方案

目前影响石臼湖水质的主要来源包括：石臼湖流域入湖河道所携带的流域产污、通过中流河进入湖区的外来污染以及内源释放。以此设置方案，具体见表 8.20。

表 8.20 石臼湖水体达标计算方案

计算方案	入湖水量	控制水位	入湖河流水质
现状方案	SWAT 计算获取石臼湖流域对应时间汇流量	近十年最枯月平均库容控制水位	SWAT 计算获取石臼湖流域入湖河流水质以及实测中流河水质
达标方案			达标方案的入湖水质

8.2.5.3 现状条件下石臼湖水质分析

采用上述构建的水动力水质数学模型，在近十年最枯月水位的水文条件下，5 个监测断面的水质变化情况如图 8.32 和图 8.33 所示，湖区 TP 监测断面的浓度，基本都处于达标状态（Ⅲ类），只有当涂湖心水质为Ⅳ类水。总氮所有监测断面都不达标（表 8.21）。

表 8.21　现状条件下石臼湖及不同湖区 TP 和 TN 平均浓度

计算方案	TP 浓度(mg/L)					TN 浓度(mg/L)				
	石臼湖湖心	溧水湖心	高淳湖心	博望湖心	当涂湖心	石臼湖湖心	溧水湖心	高淳湖心	博望湖心	当涂湖心
现状	0.047	0.043	0.050	0.050	0.056	1.845	1.736	1.885	1.834	1.884

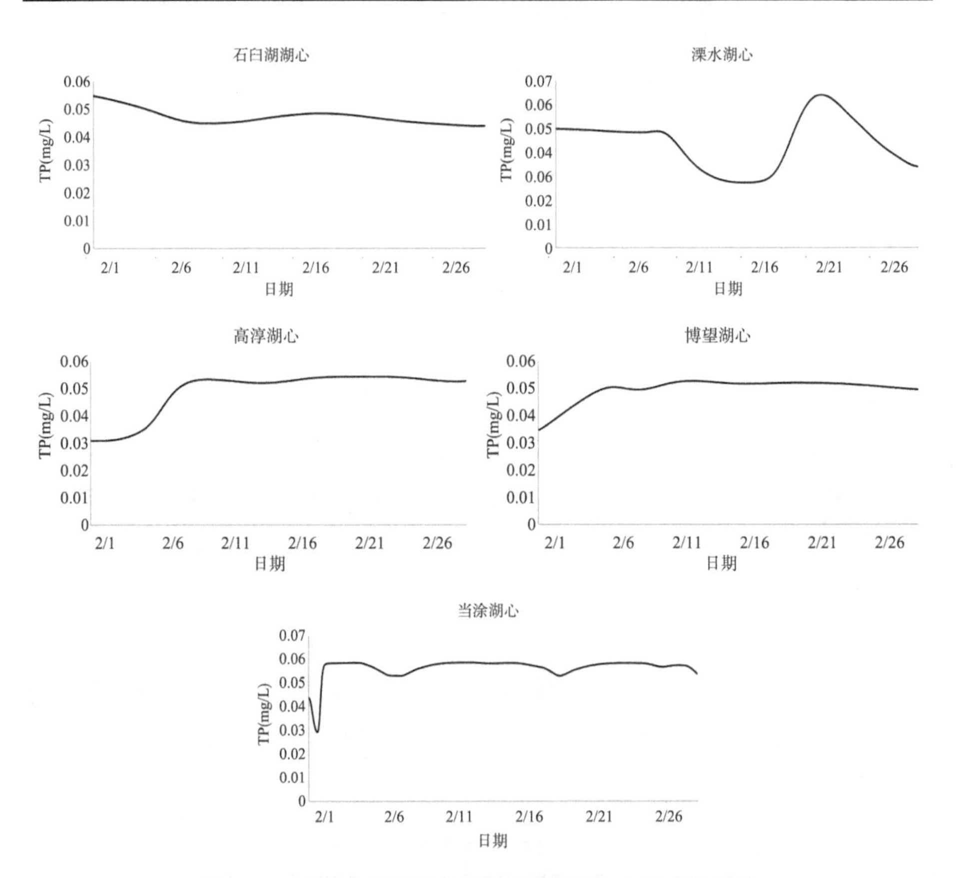

图 8.32　现状条件下石臼湖及不同湖区 TP 浓度过程线

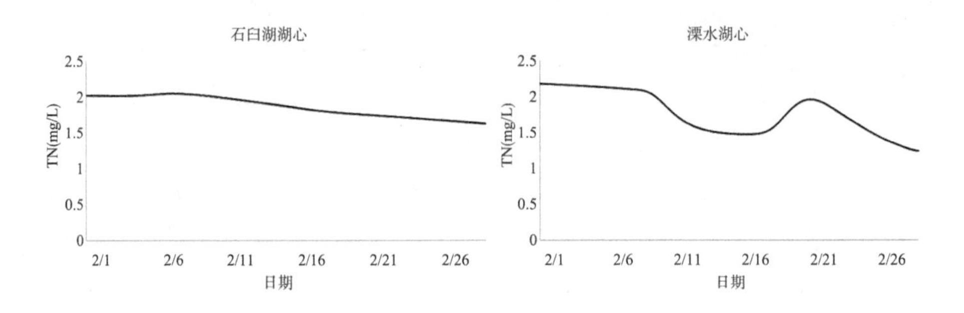

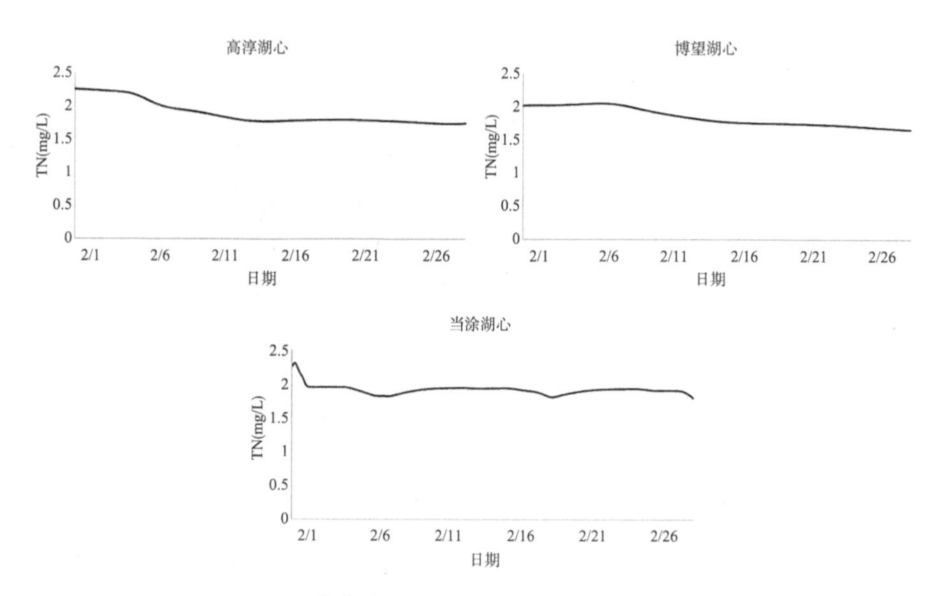

图 8.33 现状条件下石臼湖及不同湖区 TN 浓度过程线

图 8.34 和图 8.35 给出了现状方案下，不利水文条件对湖区总磷、总氮浓度空间分布的影响。从空间分布上来看，湖区水质在枯水期受到的影响主要来自中流河的流域外来水以及新桥河来水。其中，中流河来水对石臼湖湖心断面、

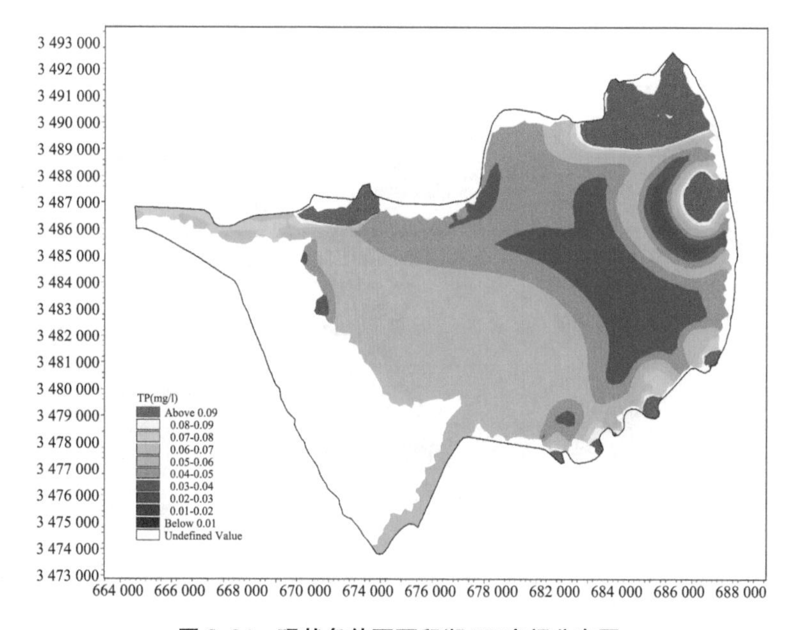

图 8.34 现状条件下石臼湖 TP 空间分布图

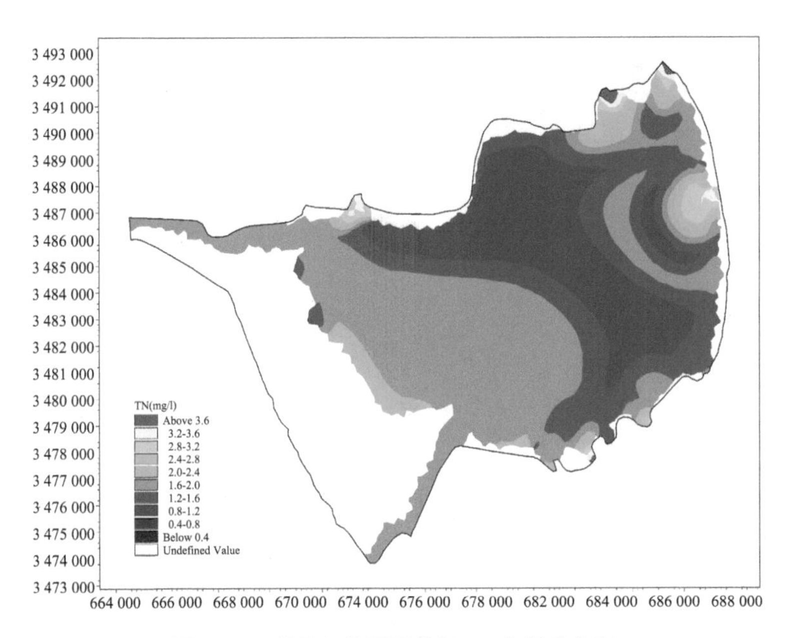

图 8.35　现状条件下石臼湖 TN 空间分布图

高淳湖心断面、当涂湖心断面以及博望湖心断面都会产生一定影响，而流域内来水中的新桥河主要影响溧水湖心断面，其他入湖河流影响的湖区范围主要集中于河流入湖口以及石臼湖沿岸区域，对湖心影响作用有限。图 8.36 和图 8.37 为现状条件下石臼湖流域总磷和总氮排放量空间分布。

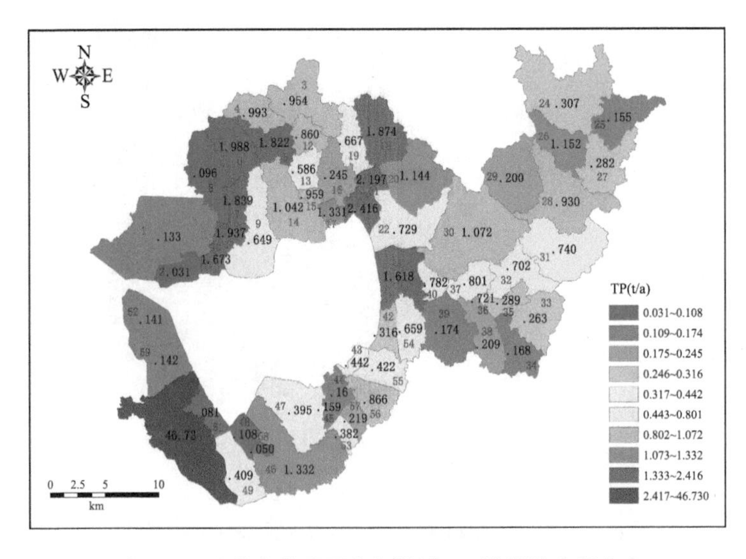

图 8.36　现状条件下石臼湖流域 TP 排放量空间分布

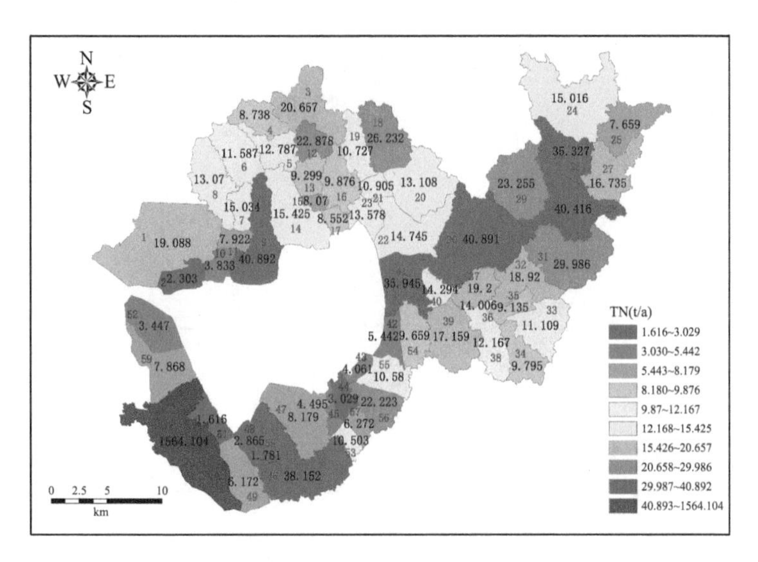

图 8.37 现状条件下石臼湖流域 TN 排放量空间分布

8.2.5.4 达标条件下石臼湖水质分析

采用上述方法构建水动力水质数学模型,以近 10 年来最枯月平均库容作为水文设计条件,具体结果见表 8.22。

在削减排污量的条件下,根据石臼湖湖区 5 个监测点数据可知,湖区水质 2 月均值达到Ⅲ类水标准。其中石臼湖湖心总磷平均浓度为 0.044 mg/L,总氮平均浓度为 0.999 mg/L。

表 8.22 达标方案条件下石臼湖及不同湖区 TP 和 TN 均值浓度

计算方案	TP 浓度(mg/L)					TN 浓度(mg/L)				
	石臼湖湖心	溧水湖心	高淳湖心	博望湖心	当涂湖心	石臼湖湖心	溧水湖心	高淳湖心	博望湖心	当涂湖心
达标	0.044	0.043	0.045	0.046	0.050	0.999	0.961	0.970	0.967	0.898

5 个监测断面的水质变化情况如图 8.38 和图 8.39 所示。

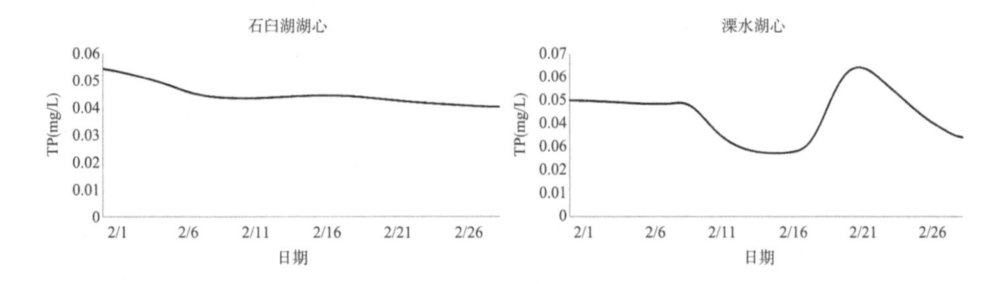

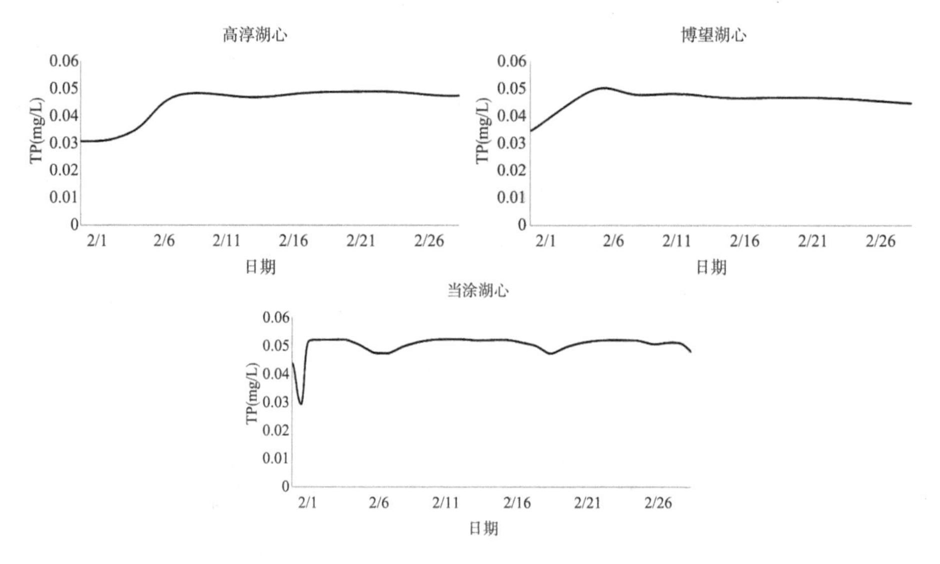

图 8.38 达标方案条件下石臼湖及不同湖区 TP 浓度过程线

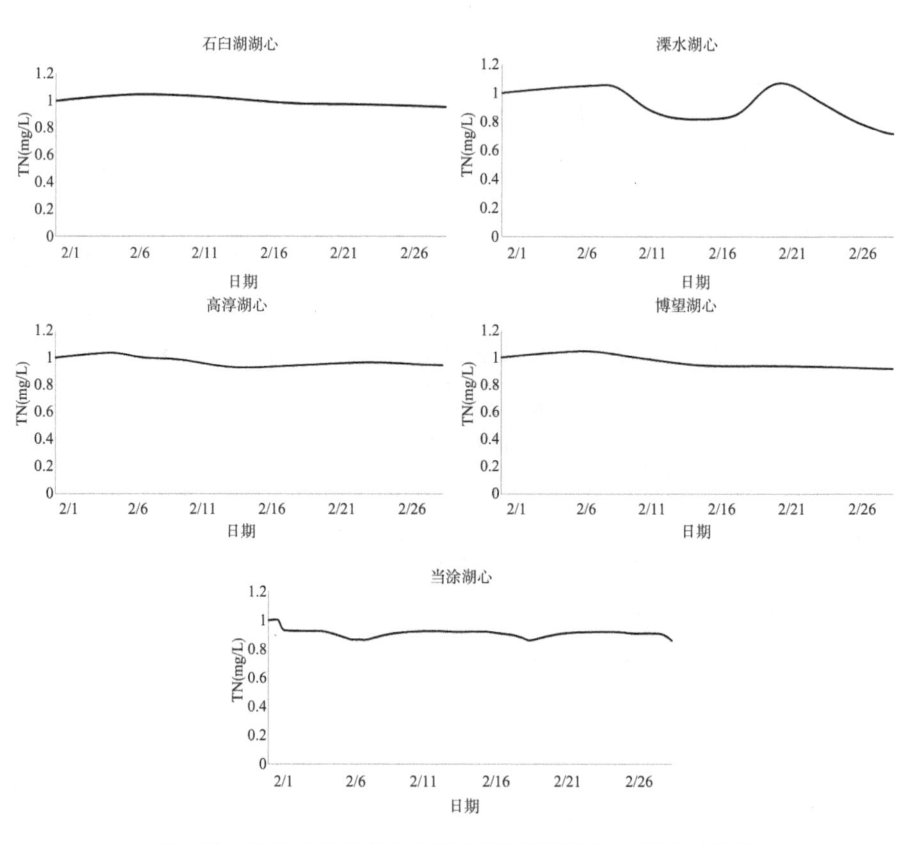

图 8.39 达标方案条件下石臼湖及不同湖区 TN 浓度过程线

图 8.40 和图 8.41 给出了达标方案下石臼湖周边来水对湖区总磷、总氮浓度空间分布的影响。从空间分布上来看，湖区水质在达标方案的前提下，受到的影响主要来自中流河的流域外来水，其来水对石臼湖湖心断面、高淳湖心断

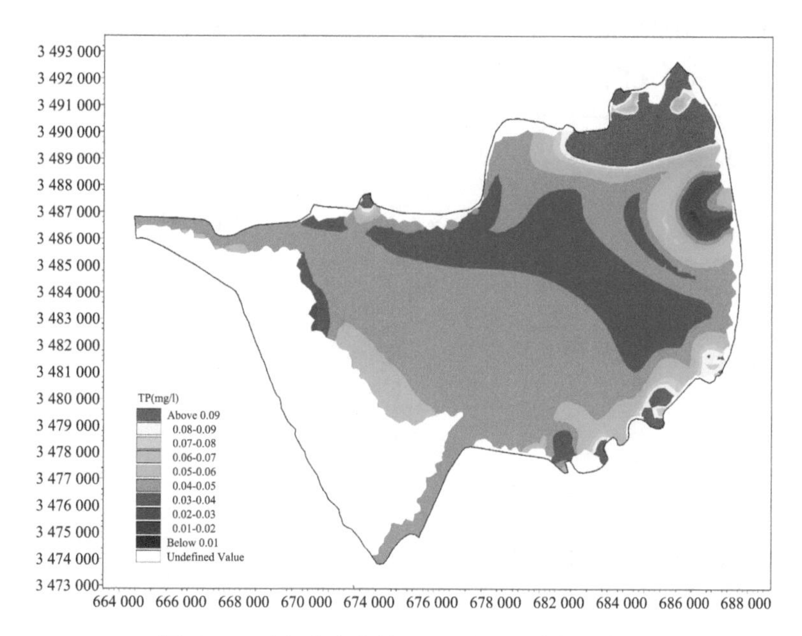

图 8.40 达标方案条件下石臼湖 TP 空间分布图

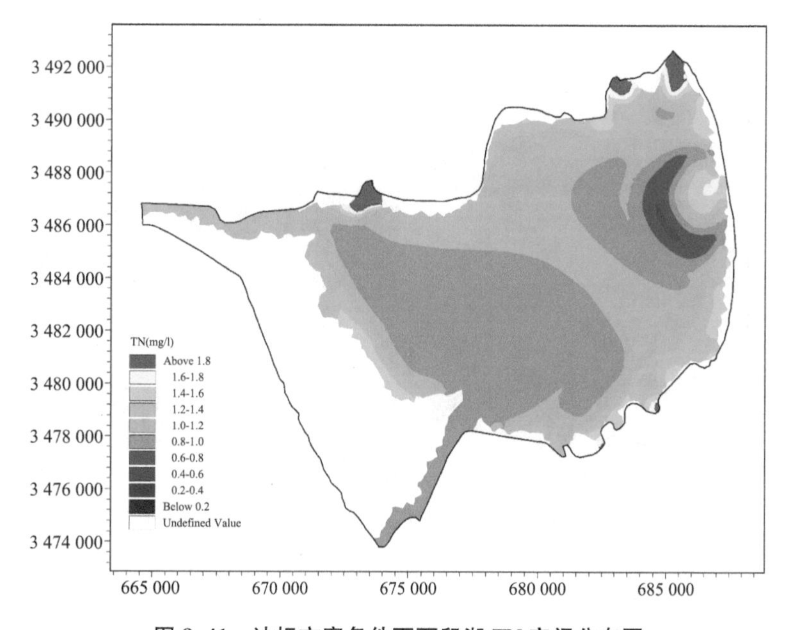

图 8.41 达标方案条件下石臼湖 TN 空间分布图

面、当涂湖心断面以及博望湖心断面都会产生明显影响，而在流域内来水中，对湖区影响最大的是新桥河，其主要影响溧水湖心断面，其余的入湖河流由于流量较小，虽然携带的污染物浓度超标，但其影响的水体范围比较有限，主要集中于河口和石臼湖沿岸区域。图 8.42 和图 8.43 是达标方案条件下石臼湖流域 TP 和 TN 排放量空间分布以及各子流域的污染物的削减量。

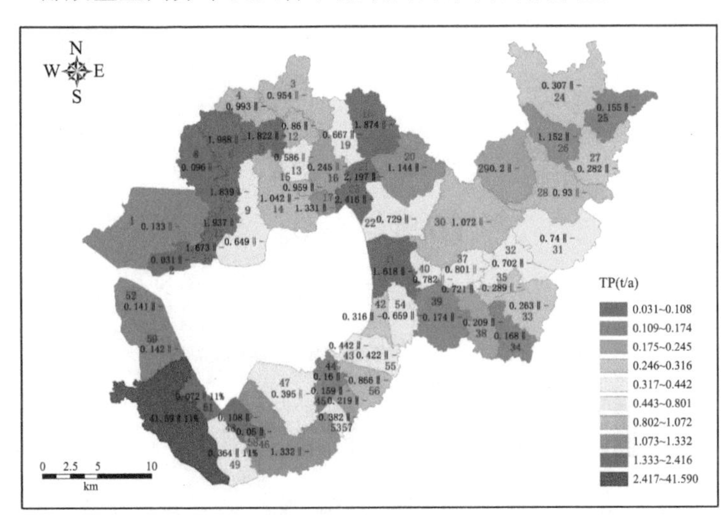

图 8.42　达标方案 TP 许可排放量及削减比例空间分布

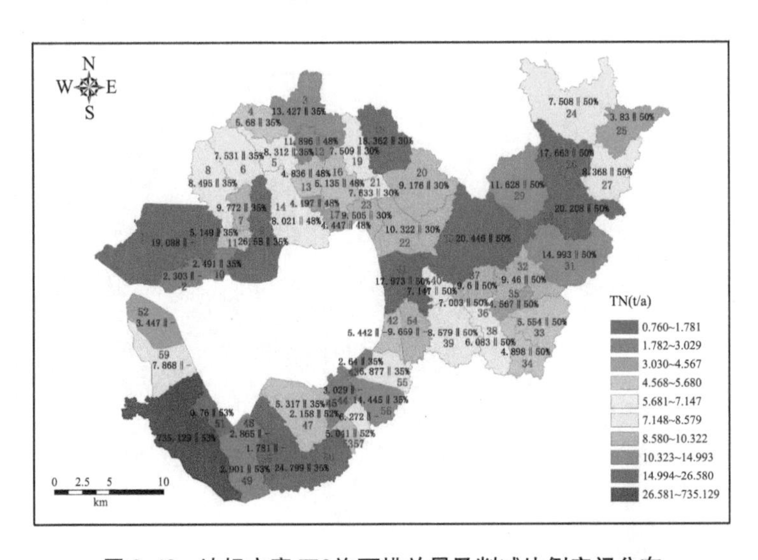

图 8.43　达标方案 TN 许可排放量及削减比例空间分布

9

结论与展望

9.1 结论

9.1.1 水空间

2021年石臼湖湖泊水域总面积212.22 km^2（含安徽省境内），石臼湖江苏境内水域面积107.68 km^2，江苏段水域面积较2020年无增减。自由水面率94.3%，较2020年自由水面率增加0.6%。

9.1.2 水资源

2021年石臼湖主控制站入湖水量27.28亿m^3，出湖水量28.25亿m^3。姑溪河、中流河主要控制站是入湖水量的主要来源，全年有87.6%的入湖水量来自这两条河道；姑溪河是出湖主要河道，出湖水量占总出水量的75.2%。

石臼湖2021年最高水位10.62 m，最低水位4.24 m，年内水位变幅较大。

9.1.3 水生态

1）水质

2021年石臼湖湖区水质单项水质类别为Ⅲ～Ⅴ类，主要污染仍为总氮、总磷，综合营养状态指数处于轻度富营养状态，与近十年监测结果相一致。

2）底泥

石臼湖底泥沉积物总氮含量较高，其内源污染物释放会直接影响湖区水质，营养盐总体水平有待进一步削减 。

3）水生高等植物

石臼湖水生高等植物分布面积小，群落结构单一，沉水植物种群结构变劣。

4）水生生物

石臼湖浮游植物中蓝藻门仍是浮游植物群落中的优势类群，在夏季密度明显升高；浮游动物中原生动物、轮虫是浮游动物群落的主要类群，在夏秋季节的密度较高，而甲壳动物（枝角类、桡足类）对生物量贡献较大；底栖动物群落中摇蚊幼虫的密度占据绝对优势，软体动物的生物量占据绝对优势，但整体上在不同时间、空间上差异性较大。总体来看，水生动植物资源种类减少，呈现小型化现象。

9.1.4 水动力

湖区水质在现状方案下，枯水期受到的影响主要来自中流河的流域外来水以及新桥河来水。其中，中流河来水对石臼湖湖心断面、高淳湖心断面、当涂湖心断面以及博望湖心断面都会产生一定影响，而在流域内来水中的新桥河，其主要影响溧水湖心断面，其他入湖河流影响的湖区范围主要集中于河流入湖口以及石臼湖沿岸区域，对湖心影响作用有限。

湖区水质在达标方案下，受到的影响主要来自中流河的流域外来水，其来水对石臼湖湖心断面、高淳湖心断面、当涂湖心断面以及博望湖心断面都会产生明显影响，而在流域内来水中，对湖区影响最大的是新桥河，其主要影响溧水湖心断面，其余的入湖河流由于流量较小，虽然携带的污染物浓度超标，但其影响的水体范围也比较有限，主要集中于河口和石臼湖沿岸区域。

9.2 展望

9.2.1 以习近平生态文明思想为指导，牢固树立石臼湖生态保护治理新理念

9.2.1.1 坚持石臼湖生态治理的统筹协调

习近平总书记指出，要统筹山水林田湖草沙系统治理，实施好生态保护修复工程，加大生态系统保护力度，提升生态系统稳定性和可持续性。山水林田湖草沙是相互依存、紧密联系的生命共同体。坚持石臼湖生态保护治理的统筹协调，就是要把石臼湖治理放在生态系统大布局中安排，统筹各类要素、整合各种资源、协调各方需求，从全局和长远的角度系统推动水资源保护、水环境治理、水生态修复，实现石臼湖综合功能发挥。

9.2.1.2 坚持石臼湖保护的休养生息

石臼湖休养生息，必须遵循自然规律、生态规律，坚持河湖资源集约节约利用，坚持自然恢复为主、自然恢复与人工修复相结合，深入开展石臼湖水域岸线生态修复、清淤疏浚、水系连通、水生态涵养区建设、水土流失防治等，逐步改善

河湖水体质量，提升涵养水源能力。

9.2.1.3 坚持石臼湖空间的严管严控

习近平总书记指出，自然界的淡水总量是大体稳定的，但一个国家或区域可用水资源有多少，既取决于降水多寡，也取决于盛水的“盆”大小。坚持石臼湖空间的严管严控，既要确定“盆”的范围，依法依规定好石臼湖空间，划定石臼湖管理保护范围边界；又要提升“盆”的品质，切实管住石臼湖空间，强化石臼湖综合整治和严管严控；还要扩大“盆”的容量，通过退圩还湖，增加石臼湖空间，提高湖泊环境容量。

9.2.2 以石臼湖轮值变共治为契机，扎实推进生态保护治理新实践

1）统筹实施石臼湖水域岸线管控

① 联合安徽省，统筹划定石臼湖保护（管理）范围和水域岸线功能区，划定成果及其用途管制要求和控制指标纳入相关设区市、县（区）国土空间规划。推动石臼湖保护（管理）范围内不符合保护要求的土地划定类型核实调整。

② 建立项目台账和数据库，逐步整治调整不符合岸线功能区管控要求的已建项目。

2）统筹提升石臼湖水资源供给保障能力

① 联合安徽省，统一制定并发布石臼湖生态保障水位。

② 推进石臼湖与湫湖站、蛇山站等供水通道的治理工程，浚深拓宽供水通道，保障枯水期取水，提高湖泊供水保证率。

③ 结合秦淮河枢纽扩建工程和秦淮河航道工程建设，研究调水方案，进一步提升秦淮河流域向石臼湖地区的调水能力。

④ 充分论证石臼湖建闸的可行性，缓解石臼湖枯水期水资源供给问题。

3）统筹推进石臼湖水环境治理

① 实施入湖河流水环境综合治理工程，加强规模化畜禽养殖环境监管，严禁养殖污水排入石臼湖及通湖河流，深入开展农业农村生产生活污水治理，推动农业面源污染防治。

② 加强石臼湖底泥污染治理，推进航运污染整治，努力削减内源污染。

4）统筹强化石臼湖水生态修复

① 实施近岸带生态修复工程，用有利于湖岸带生态系统恢复的生态护坡替代现有硬质化护坡，恢复种植水生植物，构建适合水生植物及动物栖息生长的环境，复苏石臼湖生态。

② 在中流河、天生桥河入石臼湖湖口处建设湿地，有效地拦截和过滤来水携带的污染物，净化石臼湖水体。

9.2.3 以石臼湖示范引领为手段，奋力打造湖泊生态画卷样板

1）打造幸福河湖的示范引领

以人民为中心，围绕石臼湖防洪保安全、优质水资源、宜居水环境、先进水文化的建设目标，打造河畅水清、岸绿景美、人水和谐的美丽石臼湖，让人民群众拥有更多的安全感、获得感与幸福感。

2）打造跨省界生态补偿机制的示范引领

研究建立石臼湖跨省界生态补偿机制，研究设立石臼湖共同治理基金，确保生态补偿资金的持续投入。

3）打造生态产品价值实现机制的示范引领

开展石臼湖生态产品价值实现机制试点，结合石臼湖的功能定位、自然禀赋和资源环境承载能力，发展生态旅游、生态康养、生态农业，探索有利于生态优先、绿色发展、惠民富民的石臼湖生态产品价值实现路径。

参考文献

[1] 薛滨,姚书春.大湖迷踪——丹阳湖的传说[J].地球,2021(1):66-69.

[2] 江苏省水利科学研究院. 2020 年度石臼湖健康状况评估[R].

[3] 黄金凤,宋云浩,董庆华.南京市高淳区城市水网水环境改善模拟研究[J].中国农村水利水电,2020(5):68-72+83.

[4] 江苏省水利科学研究院. 2021 年度石臼湖水生态监测报告[R].

[5] 江苏省水利厅.江苏省石臼湖保护规划[R]. 2022:1-3.

[6] 陆晓平,郭刘超,胡晓东,等.湖长制下石臼湖固城湖水生态环境保护研究[M].南京:河海大学出版社,2020:93-94.

[7] 万璐依.石臼湖-固城湖圩区线型村落更新研究——南京市高淳区夹埂村改造更新设计[D].南京:南京大学,2020:5-30.

[8] 南京水利科学研究院.高淳区石臼湖"一湖一册"行动计划(修编本)[R]. 2021:7-13.

[9] 吴帆.石臼湖—固城湖圩区景观格局与聚落形态研究[D].南京大学,2019:10-25.

[10] 国超旋,胡晓东,吴沛沛,等.石臼湖江苏段浮游植物群落结构特征及与环境因子的关系[J].水生态学杂志,2016,37(4):23-29.

[11] 高士佩,梁文广,王冬梅,等.遥感技术在江苏水域面积监测中的应用[J].长江科学院院报,2017,34(7):132-135.

[12] 杨树滩,仲兆林,华萍.江苏省适宜水面率研究[J].长江科学院院报,2012,29(7):31-34.

[13] 华萍,杨树滩,赵立梅.江苏省现状水面率调查及分析[J].江苏水利,2011,(11):36-37.

[14] 王伟,周延萍,王睿.基于 SPOT 卫星影像的水域特征提取[J].测绘与空间地理信息,2010,33(2):99-100.

[15] 崔辉琴.基于数学形态学的遥感影像水域提取方法[J].测绘科学,2006,31(1):22-24.
[16] 兰林,张明,张根林.江苏省水利工程普查主要成果分析[J].江苏水利,2013(4):20-22.
[17] 江苏省水利科学研究院. 2021 年度石臼湖水域状况评价报告[R].
[18] 江苏省水利科学研究院.2020 年度石臼湖水生态监测报告[R].
[19] 江苏省质量技术监督局.湖泊水生态监测规范:DB32/T 3202-2017[S].2017.
[20] 郭刘超,吴苏舒,樊旭,等. 高邮湖各生态功能区后生浮游动物群落特征及水质评价[J]. 水生态学杂志, 2019, 40(6):7.
[21] 魏文志,付立霞,陈日明,等. 高邮湖水质与浮游植物调查及营养化状况评价[J].长江流域资源与环境, 2010,19(1):106-110.
[22] 杨美玲,胡忠军,刘其根,等. 利用综合营养状态指数和修正的营养状态指数评价千岛湖水质变化(2007-2011)[J]. 上海海洋大学学报,2013,22(2): 240-245.
[23] 王明翠,刘雪芹,张建辉. 湖泊富营养化评价方法及分级标准[J].中国环境监测, 2002,18(5): 45-49.
[24] 李志清,吴苏舒,郭刘超,等.石臼湖表层沉积物营养盐与重金属分布及污染评价[J].水资源保护,2020,36(2):73-78.
[25] 匡帅,保琦蓓,康得军,等.典型小型水库表层沉积物重金属分布特征及生态风险[J].湖泊科学,2018(2) :336-348.
[26] 包先明,晁建颖,尹洪斌.太湖流域滆湖底泥重金属赋存特征及其生物有效性[J].湖泊科学,2016(5) :1010-1017.
[27] 陈乾坤,刘涛,胡志新,等.江苏省西部湖泊表层沉积物中重金属分布特征及其潜在生态风险评价[J].农业环境科学学报,2013,32(5):1044-1050.
[28] 苏雨艳,赵晓平,郭刘超.石臼湖(江苏段)浮游动物群落结构时空动态变化及水质生物学评价[J].江苏水利,2020(11):43-47.
[29] 周萍,陆晓平,郭刘超,等.2021 年石臼湖固城湖湖泊管理年报[R].
[30] 王荣娟,张金池.石臼湖湿地水环境质量评价及富营养化状况研究[J].湿地科学与管理,2011,7(2):26-28.
[31] 席燕萍,逄勇.石臼湖引水改善秦淮河水环境研究[J].江苏环境科技,2008(4):6-8.

[32] 贺军，安树青，蒋春. 南京市溧水区石臼湖省级湿地公园植物组成调查[J]. 安徽农业科学，2022，50(9)：122-123+129.

[33] 董哲仁. 河流形态多样性与生物群落多样性[J]. 水利学报，2003(11)：1-6.

[34] 雷泽湘，徐德兰，顾继光，等. 太湖大型水生植物分布特征及其对湖泊营养盐的影响[J]. 农业环境科学学报，2008，27(2)：698-704.

[35] 周婕，曾诚. 水生植物对湖泊生态系统的影响[J]. 人民长江，2008，39(6)：88-91.

[36] 章宗涉，黄昌筑. 固城湖生物资源利用和富营养化控制的研究[J]. 海洋与湖沼，1996，27(6)：651-656.

[37] 谷孝鸿，范成新，杨龙元，等. 固城湖冬季生物资源现状及环境质量与资源利用评价[J]. 湖泊科学，2002，14(3)：283-288.

[38] 金相灿，屠清瑛. 湖泊富营养化调查规范[M]. 北京：中国环境科学出版社，1990：52-95.

[39] 杨晓曦，刘凯，刘燕，等. 淮河中游浮游植物群落结构时空格局及影响因子[J]. 长江流域资源与环境，2022，31(10)：2207-2217.

[40] HARRIS G P. Phytoplankton Ecology: Structure, Function and Fluctuation[M]. London: Springer Science and Business Media, 2012: 35-36.

[41] GUO K, WU N, WANG C, et al. Trait dependent roles of environmental factors, spatial processes and grazing pressure on lake phytoplankton metacommunity[J]. Ecological Indicators, 2019, 103: 312-320.

[42] WILHM J L. Use of biomass units in shannons formula[J]. Ecology, 1968, 48: 153-155.

[43] MAGNUSSEN S, BOYLE T J B. Estimating sample size for inference about the Shannon—Weaver and the Simpson indices of species diversity [J]. Forest Ecology and Management, 1995, 78(1) : 71-84.

[44] BEISEL J N, MORETEAU J C. A simple formula for calculating the lower limit of Shannon's diversity index[J]. Ecological Modeling, 1997, 99(2) : 289-292.

[45] ALMORZA G D A, GARCIA N M H G. Several results of Simpson diversity indices and exploratory data analysis in the Pielou model[C]//

International Conference on Ecosystems and Sustainable Development, 2005: 145-154.
[46] 熊莲，刘冬燕，王俊莉，等. 安徽太平湖浮游植物群落结构[J]. 湖泊科学，2016,28(5):1066-1077.
[47] 贺树杰，苟金明，尹娟，等. 黄河干流宁夏段浮游动物群落结构及其与水环境因子的关系[J]. 水电能源科学，2022,40(10):66-69+18.
[48] 范林洁，胡晓东，王春美，等. 白马湖浮游动物生态位及其生态分化影响因子[J]. 水生态学杂志，2022,43(05):59-66.
[49] 林志，万阳，徐梅，等. 淮南迪沟采煤沉陷区湖泊后生浮游动物群落结构及其影响因子[J]. 湖泊科学，2018,30(1):171-182.
[50] 刘俏，刘智旸，王江滨，等. 福建山美水库浮游动物群落结构时空特征及其影响因子分析[J]. 湖泊科学，2022,34(06):2039-2057.
[51] MEHNER T, PADISAK J, KASPRZAK P, et al. A test of food web hypotheses by exploring time series of fish, zooplankton and phytoplankton in an oligo-mesotrophic lake[J]. Limnologica-Ecology and Management of Inland Water, 2008, 38(3-4):179-188.
[52] WANG L Z, LIANG J, ZHAO K, et al. Metacommunity structure of zooplankton in river networks: Roles of environmental and spatial factors[J]. Ecological Indicators, 2017, 73: 96-104.
[53] 刘爱玲，黄绵达，刘旻璇，等. 八里湖大型底栖动物群落结构及水质生物学评价[J]. 人民长江，2022,53(10):37-44.
[54] 李晋鹏，董世魁，彭明春，等. 梯级水坝运行对漫湾库区底栖动物群落结构及分布格局的影响[J]. 应用生态学报，2017，28(12):8.
[55] 尹子龙，郭刘超，胡晓东，等. 石臼湖江苏段底栖动物群落结构及与水环境因子的关系[J]. 水产学杂志，2021,34(4):59-65.
[56] 祝超文，张虎，袁健美，等. 南黄海潮间带大型底栖动物群落组成及时空变化[J]. 上海海洋大学学报，2022,31(4):950-960.
[57] 陆文泽，任仁，饶骁，等. 太湖流域城市湖泊大型底栖动物群落结构及影响因素研究[J]. 水生态学杂志，2022,43(4):8-15.
[58] 何千韵，张敏，樊仕宝，等. 深圳市大鹏新区国家地质公园源头溪流大型底栖动物群落多样性[J]. 生态学杂志:2022,11(7):1-13.
[59] 李正飞，蒋小明，王军，等. 雅鲁藏布江中下游底栖动物物种多样性及其影

响因素[J]. 生物多样性,2022,30(6):123-135.

[60] 纪莹璐,王尽文,张乃星,等. 日照市近海大型底栖动物群落结构和生物多样性[J]. 上海海洋大学学报,2022,31(1):119-130.

[61] 赵伟华,杜琦,郭伟杰. 基于底栖动物多样性恢复的减脱水河段生态流量核算[J]. 水生态学杂志,2020,41(5):49-54.

[62] 闫聪聪,陈兴伟. 山美水库流域丰枯径流分开率定的 SWAT 模型[J]. 水利科技,2022(4):14-18.

[63] 次旦央宗,李鸿雁,李晓峰. 东北寒区 SWAT 模型融雪径流空间异质性参数率定方法及应用——以白山流域为例[J]. 吉林大学学报(地球科学版),2023,53(1):230-240.

[64] 郑家珂,甘容,左其亭,等. 基于 PNPI 与 SWAT 模型的非点源污染风险空间分布研究[J]. 郑州大学学报:工学版,2023,44(3):20-27.

[65] 齐文华,金艺华,尹振浩,等. 基于 SWAT 模型的图们江流域蓝绿水资源供需平衡分析[J]. 生态学报,2023,43(8):3116-3127.

[66] 李俊玲,何璟嫣,苏保林,等. 山区丘陵地区农业非点源污染负荷估算方法比较研究[J]. 水电能源科学,2022,40(11):45-49.

[67] 阳柳,钱心缘,王斌, 等. 基于 SWAT 模型的平原区地表水资源还原计算方法研究[J]. 水力发电,2023,49(4):5-10.

[68] 卢江海,孔琼菊,徐解刚, 等. 基于 SWAT 模型的典型区域高标准农田综合管理方案模拟与优化[J]. 节水灌溉,2022(11):86-93.

[69] 刘延. 不同床面形态泥沙输移的大涡模拟研究[D]. 北京:清华大学,2017.

[70] 张狄. 基于 SWAT 模型的清凉山水库氮磷入库通量研究[J]. 人民珠江,2022,43(9):38-45.

[71] 董力轩,常顺利,张毓涛. SWAT 模型在天山林区林冠截留过程中的改进应用[J]. 生态学报,2022,42(18):7630-7640.

[72] 彭慧. 基于地理信息技术和 SWAT 模型的城市水资源评价方法研究[J]. 南京信息工程大学学报(自然科学版),2022,14(6):686-693.

[73] 王维刚,史海滨,李仙岳,等. 基于改进 SWAT 模型的灌溉-施肥-耕作对乌梁素海流域营养物负荷及作物产量的影响[J]. 湖泊科学,2022,34(5):1505-1523.

[74] 石建杨,李向新. 基于 SWAT 模型的滇池流域不同时间尺度径流模拟

[J]. 水电能源科学,2022,40(8):37-40+53.

[75] 嵇泽军. 基于SWAT模型的多尺度径流模拟与对比分析[J]. 云南水力发电,2022,38(8):6-11.

[76] 樊建强. 基于机载LiDAR点云生成高精度数字高程模型(DEM)的技术研究[J]. 经纬天地,2016(2):53-58.

[77] 许丽,李江海,刘持恒,等. 基于数字高程模型(DEM)的可可西里地貌及区划研究[J]. 北京大学学报(自然科学版),2017,53(5):833-842.

[78] 胡勇修,陈翠婵. 基于大比例尺数字高程模型DEM制作方法的经验和体会[J]. 测绘与空间地理信息,2013,36(7):187-189.

[79] 张韶华. 基于GIS与SWAT模型的滇池流域不同坡度下土地利用/覆被变化对农业非点源污染的影响研究[D]. 昆明:云南师范大学,2014.

[80] 赵堃,苏保林,申萌萌,等. 一种SWAT模型参数识别的改进方法[J]. 南水北调与水利科技,2017,15(4):49-53.

[81] 樊琨,马孝义,李忠娟,等. SWAT模型参数校准方法对比研究[J]. 中国农村水利水电,2015(4):77-81.

[82] 潘鑫鑫,侯精明,陈光照,等. 基于K近邻和水动力模型的城市内涝快速预报[J]. 水资源保护,2022,11(1): 1-17.

[83] 舒逸秋. 基于水动力模型的石马河水闸联合调度运行管理研究[J]. 地下水,2022,44(5):302-304.

[84] 陆洪亚,余文忠,孙传文,等. 二维水动力模型在柴米河航道通航安全中的应用[J]. 中国水运(下半月),2022,22(9):37-38+41.

[85] 康志伟. 佛山市高明区洪水风险水动力模型构建及预警[J]. 水科学与工程技术,2022(4):10-14.

[86] 田娟,朱青. 巢湖流域水动力模型及防洪方案调算[J]. 水利规划与设计,2022(9):36-40+112+117.

[87] 张文晴,侯精明,王俊珲,等. 耦合NSGA-Ⅱ算法与高精度水动力模型的LID设施优化设计方法研究[J]. 水资源与水工程学报,2022,33(4):133-142.

[88] 张善亮. 基于水文水动力耦合模型的钱塘江流域洪水预报研究[J]. 水利水电快报,2022,43(7):25-32.

[89] 郭江华,孔令臣,张庆河,等. 二维间断有限元水动力模型与波浪模型实时耦合研究[J]. 水道港口,2022,43(3):289-295+327.

[90] 谭维炎，胡四一. 浅水流动计算中一阶有限体积法 Osher 格式的实现[J]. 水科学进展，1994(4)：262-270.

[91] 陈文兴，戴书洋，田小娟，等. 利用重心有理插值配点法求解一、二维对流扩散方程[J]. 西南师范大学学报（自然科学版），2020，45(8)：35-43.

[92] 魏志远，王婷，徐凯，等. 平原河网水体氮污染对氮循环菌的影响[J]. 湖泊科学，2016，28(4)：812-817.

[93] 朱端卫，朱红，倪玲珊，等. 沉水植物驱动的水环境钙泵与水体磷循环的关系[J]. 湖泊科学，2012，24(3)：355-361.

[94] 吴桢，吴思枫，刘永，等. 湖泊氮磷循环的关键过程与定量识别方法[J]. 北京大学学报（自然科学版），2018，54(1)：218-228.

[95] 闫怀义，王迎进. Arrhenius 经验公式的推导及 Ea 的本质[J]. 绍兴文理学院学报（自然科学），2010，30(2)：12-14+20.

[96] 汤辉. 基于涡粘系数运输方程的亚格子模式建模及其在湍流中的应用[D]. 长春：吉林大学，2020.

[97] 祖波，周领，李国权，刘波. 三峡库区重庆段某排污口下游污染物降解研究[J]. 长江流域资源与环境，2017，26(1)：134-141.

[98] 高园园，谭林山，吴晓楷，等. 南运河高效生物净化系统污染物降解系数研究[J]. 海河水利，2016(5)：18-20.

[99] 冯帅，李叙勇，邓建才. 太湖流域上游河网污染物降解系数研究[J]. 环境科学学报，2016，36(9)：3127-3136.

[100] 袁行知，许雪峰，俞亮亮，等 . 基于水动力水质模型的平原河网排污模拟分析[J]. 中国农村水利水电，2022，11(7)：1-16.

[101] 胡婷婷，徐刚，苏东旭，等. 基于 HEC-RAS 的梧桐山河流域水质模拟及应用[J]. 水文，2022，42(3)：37-42.

[102] 刘李爱华，蒋青松，毛国柱，等. 模型参数与边界条件对滇池水质变化的全局敏感性分析[J]. 环境科学学报，2022，42(5)：384-394.

[103] 张阳，冼慧婷，赵志杰. 基于空间相关性和神经网络模型的实时河流水质预测模型[J]. 北京大学学报（自然科学版），2022，58(2)：337-344.

[104] 徐兆静. 基于一维水质模型的平原河网水环境容量计算[J]. 人民黄河，2021，43(S2)：113-114.

[105] 陈丽娜，韩龙喜，谈俊益，等. 基于多断面水质达标的河网区点面源污染负荷优化分配模型[J]. 水资源保护，2021，37(6)：128-134+141.